全国中等职业学校机械类/工程技术类专业通用
全国技工院校机械类/工程技术类专业通用（中级技能层级）

机械基础（少学时）（第二版）习题册

王希波　主编

中国劳动社会保障出版社

简介

本习题册是全国中等职业学校机械类/工程技术类专业通用教材、全国技工院校机械类/工程技术类专业通用教材（中级技能层级）《机械基础（少学时）（第二版）》的配套用书。本习题册紧扣教学要求，按照教材章节顺序编排，知识点分布均衡，题型丰富多样，难易配置适当，有助于学生复习巩固所学知识。

本习题册由王希波主编，逯伟任副主编，钱涛、徐淑涛、朱礼鸣、王雪参加编写。

图书在版编目(CIP)数据

机械基础（少学时）（第二版）习题册 / 王希波主编. -- 北京：中国劳动社会保障出版社，2019

全国中等职业学校机械类/工程技术类专业通用 全国技工院校机械类/工程技术类专业通用. 中级技能层级

ISBN 978-7-5167-3958-7

Ⅰ.①机… Ⅱ.①王… Ⅲ.①机械学-中等专业学校-习题集 Ⅳ.①TH11-44

中国版本图书馆 CIP 数据核字(2019)第 085679 号

中国劳动社会保障出版社出版发行

（北京市惠新东街 1 号 邮政编码：100029）

*

三河市华骏印务包装有限公司印刷装订 新华书店经销

787 毫米×1092 毫米 16 开本 4.75 印张 111 千字

2019 年 5 月第 1 版 2021年12月第 4 次印刷

定价：9.00 元

读者服务部电话：(010) 64929211/84209101/64921644

营销中心电话：(010) 64962347

出版社网址：http://www.class.com.cn

http://jg.class.com.cn

目　录

绪　论

一、选择题（将正确答案的序号填写在括号内）

1.（　　）是用来减轻人的劳动，完成有用的机械功或者转换能量的装置。

A. 机器　　B. 机构　　C. 构件

2. 转换能量的机器是（　　）。

A. 电动机　　B. 打印机　　C. 起重机

3. 在台式钻床中，电动机属于（　　）部分，钻头属于（　　）部分，电源开关属于（　　）部分。

A. 动力　　B. 控制　　C. 执行

4. 在台式钻床中，塔式带轮传动机构属于（　　），电动机和主轴箱属于（　　）。拆卸器中的压紧螺杆属于（　　）。

A. 部件　　B. 机构　　C. 构件

5. 下列机构中的运动副属于高副的是（　　）。

A. 火车车轮与钢轨之间的运动副

B. 螺旋千斤顶中螺杆与螺母之间的运动副

C. 液压缸活塞与缸体之间的运动副

6. 右图所示为（　　）的表示方法。

A. 转动副　　B. 高副　　C. 移动副

7.（　　）是用来变换物料的机器。

A. 电动机　　B. 打印机　　C. 台式钻床

8. 金属切削机床的主轴、滑板属于机器的（　　）部分。

A. 动力　　B. 传动　　C. 执行

二、判断题（正确的在括号内打“√”，错误的在括号内打“×”）

1. 高副能传递较复杂的运动。（　　）
2. 凸轮与从动杆的接触属于低副。（　　）
3. 门与门框之间的运动副属于低副。（　　）
4. 构件都是由若干个零件组成的。（　　）
5. 构件是运动的单元，零件是制造的单元。（　　）
6. 高副比低副的承载能力大。（　　）
7. 机构是具有相对运动构件的组合。（　　）
8. 螺旋千斤顶螺杆和螺母之间的相对运动组成转动副。（　　）

9. 两构件之间只允许做相对移动的运动副是移动副。 (　　)

三、填空题（将正确答案填写在横线上）

1. 机械是__________与__________的总称。

2. 机器一般由__________、__________、__________和__________组成。

3. 零件是机器最小的__________。

4. 台式钻床钻头的升降机构是通过旋转__________，使齿轮旋转，带动齿条向下运动，实现__________的上下运动。

5. 高副的表现形式主要有__________、__________和__________等。

6. 低副是__________摩擦，摩擦损失__________，因而效率__________。此外，低副__________传递较复杂的运动。

四、名词解释

1. 机器

2. 机构

3. 运动副

4. 螺旋副

五、问答题

1. 什么是低副？它分为哪几种类型？

2. 低副有什么特点？

3. 什么是高副？它分为哪几种类型？

4. 高副有什么特点？

5. 机器有哪几种类型？

6. 构件与零件之间有什么关系？

7. 零件、部件和机器之间有什么关系？

第1章 机械传动

§1—1 带 传 动

一、选择题（将正确答案的序号填写在括号内）

1. 一般机械常用（　　）传动。
   A. 平带　　B. 普通 V 带　　C. 同步带
2. 传真机、打印机、扫描仪、一体机等办公设备常用（　　）传动。
   A. 平带　　B. 普通 V 带　　C. 同步带
3. 普通 V 带的横截面为（　　）。
   A. 矩形　　B. 圆形　　C. 等腰梯形
4. 按照国家标准，普通 V 带有（　　）种型号。
   A. 六　　B. 七　　C. 八
5. 普通 V 带的楔角 α 为（　　）。
   A. 36°　　B. 38°　　C. 40°
6. （　　）结构用于基准直径较小的带轮。
   A. 实心式　　B. 孔板式　　C. 轮辐式
7. V 带轮的槽角（　　）V 带的楔角。
   A. 小于　　B. 大于　　C. 等于
8. 在 V 带传动中，张紧轮应置于（　　）内侧且靠近（　　）处。
   A. 松边；小带轮　　B. 紧边；大带轮　　C. 松边；大带轮
9. 安装 V 带后，要检查带的松紧程度是否合适，一般以拇指按下（　　）mm 为宜。
   A. 5　　B. 15　　C. 20
10. 在 V 带传动中，带的根数是由所传递（　　）的大小确定的。
    A. 速度　　B. 功率　　C. 转速
11. V 带在轮槽中的正确位置是（　　）。

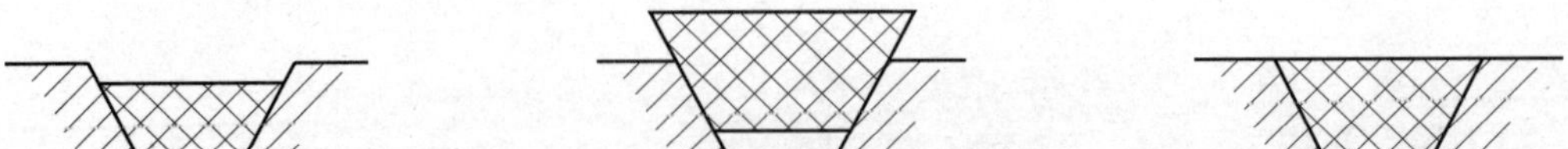

A.　　B.　　C.

12. （　　）是 V 带传动的特点之一。
    A. 传动比准确　　B. 过载时会出现打滑　　C. 安装精度要求高

13. 窄V带的截面高度（　　）普通V带的截面高度。

A. 大于　　B. 小于　　C. 等于

14. 窄V带已广泛应用于（　　）且要求结构紧凑的机械传动中。

A. 高速、小功率　　B. 高速、大功率　　C. 低速、小功率

15. 普通V带的使用温度宜在（　　）℃以下。

A. 20　　B. 60　　C. 50

16. （　　）传动具有传动比准确的特点。

A. 普通V带　　B. 窄V带　　C. 同步带

17. 强度、工作可靠性、耐磨性和耐腐蚀性要求较高的场合宜采用（　　）传动。

A. 同步带　　B. 窄V带　　C. 普通V带

二、判断题（正确的在括号内打“√”，错误的在括号内打“×”）

1. 圆带的抗拉强度高，使用寿命长。（　　）
2. 带传动的传动比是主动轮转速与从动轮转速之比。（　　）
3. V带绳芯结构柔韧性好，适用于转速较高的场合。（　　）
4. 一般情况下，小带轮的槽角要小一些，大带轮的槽角要大一些。（　　）
5. V带传动的传动比一般应大于7。（　　）
6. 两带轮中心距越大，小带轮包角 α_1 越大。（　　）
7. 在使用过程中需更换V带时，新旧不同的V带可以同组使用。（　　）
8. 在安装V带时，张紧程度越紧越好。（　　）
9. 在V带传动中，带速过大或过小都不利于带的传动。（　　）
10. 在V带传动中，小带轮的包角一定小于大带轮的包角。（　　）
11. 在安装V带轮时，两带轮的轴线应相互平行。（　　）
12. V带传动中不需要安装防护罩。（　　）
13. V带的根数越多，传动能力越小。（　　）
14. 与普通V带相比，窄V带的传动能力更大、效率更高。（　　）
15. 同步带传动不是依靠摩擦力，而是依靠啮合力来传递运动和动力的。（　　）
16. 汽车、摩托车发动机上的传动系统广泛采用了同步带传动。（　　）
17. 同步带传动的节能效果不明显。（　　）

三、填空题（将正确答案填写在横线上）

1. 带传动一般由________、________和________组成。

2. 根据工作原理不同，带传动可分为________带传动和________带传动两大类。

3. 带传动的工作原理是依靠带与带轮接触面间产生的__________或__________来传递________和________。

4. V带传动过载时，传动带会在带轮上________，可以防止________的损坏，起到________的作用。

5. V带是一种无接头的环形带，其工作面为________，与轮槽________相接触，V带与轮槽底面________。

6. V带主要有________结构和________结构两种，其分别由________、________、________和________四部分组成。

7. 普通V带已经标准化，按照其横截面尺寸由小到大分为________、________、________、________、________、________和________七种型号。

8. V带轮的常用结构有________、________、________和________四种。

9. 在安装V带轮时，两带轮的轴线应相互________，两带轮轮槽的对称平面应________。

10. V带传动常见的张紧方法有________________法和________________法。

11. 窄V带顶面呈________，两侧面呈________，带弯曲后侧面________，与轮槽能更好地贴合，增大了________，提高了________。

12. 同步带传动依靠传动带内表面上等距分布的横向齿与带轮________的啮合来传递运动。

13. 同步带的齿形有________和________两种。

14. 同步带有________带（单面有齿）和________带（双面有齿）两种类型。

15. 按照齿形不同，同步带轮可分为________带轮和________带轮；按照结构不同，同步带轮可分为________带轮和________带轮。

四、名词解释

1. 机构的传动比

2. V带的节宽

3. V带的楔角

4. V带轮的基准直径

5. 带传动的包角

五、问答题

1. V带传动的包角与中心距有什么关系？包角与传递的功率有什么关系？一般要求小V带轮的包角为多少？

2. V带传动的中心距与传动能力有什么关系？

3. V带传动的带速 v 一般取多少为宜？带速为什么不能过高，也不能过低？

4. V带的根数与传动能力有什么关系？V带的根数为什么不能过多？

5. 简述普通V带传动的优点。

6. 什么是同步带传动？

六、综合题

1. 在 V 带传动中，已知主动轮的基准直径 $d_{d1}=120$ mm，从动轮的基准直径 $d_{d2}=300$ mm，求传动比 i_{12}。

2. 列举几种带传动在生活和生产中的应用实例。

§1—2 链 传 动

一、选择题（将正确答案的序号填写在括号内）

1. 不能保证准确的平均传动比的是（　　）。
   A. V 带传动　　B. 同步带传动　　C. 链传动
2. 一般链传动的传动比小于等于（　　）。
   A. 6　　B. 8　　C. 10
3. 要求传动平稳性好、传动速度快、噪声较小时，宜选用（　　）。
   A. 套筒滚子链　　B. 多排链　　C. 齿形链
4. 要求两轴中心距较大，且在低速、重载和高温等场合下工作，宜选用（　　）。
   A. V 带传动　　B. 链传动　　C. 平带传动
5. 链的长度用链节数表示，链节数最好取（　　）。
   A. 奇数　　B. 偶数　　C. 任意数
6. 因链轮具有多边形的特点，链传动的运动表现为（　　）。
   A. 均匀性　　B. 不均匀性　　C. 间歇性
7. 套筒滚子链的套筒与内链板之间采用的是（　　）。
   A. 间隙配合　　B. 过渡配合　　C. 过盈配合
8. 套筒滚子链的销轴与外链板之间采用的是（　　）。
   A. 间隙配合　　B. 过渡配合　　C. 过盈配合
9. 当链节数为奇数时，链接头需采用（　　）。
   A. 开口销锁定　　B. 弹簧夹锁定　　C. 过渡链节
10. 小链轮齿数不宜过少，一般应大于（　　）。
   A. 15　　B. 17　　C. 21

二、判断题（正确的在括号内打“√”，错误的在括号内打“×”）

1. 链传动属于啮合传动，所以瞬时传动比恒定。（ ）
2. 链传动有过载保护作用。（ ）
3. 与带传动相比，链传动的传动效率较高，一般可达 0.95～0.98。（ ）
4. 高速、大功率传动时，可选用小节距的双排链或多排链。（ ）
5. 要使链条连接时正好内链板和外链板相接，链节数应该取偶数。（ ）
6. 链传动的承载能力与链排数成反比。（ ）
7. 链条的相邻两销轴中心线之间的距离称为节数。（ ）
8. 套筒滚子链的套筒与销轴之间是过盈配合。（ ）
9. 链轮不可以翻面使用。（ ）

三、填空题（将正确答案填写在横线上）

1. 链传动不宜用于要求________传动的机械上。

2. 传动链主要有________和________两种，使用最广泛的是________。

3. 链传动由________、________和________组成，通过链轮轮齿与链条的________来传递________和________。

4. 常用的套筒滚子链主要有________、________和________。

5. 套筒滚子链由________、________、________、________和________等组成。

6. 套筒滚子链常用的接头形式有________、________和________等。

7. 齿形链又称________，由一系列的________和________交替装配，用铰链连接而成。

8. 链条速度越大，链条与链轮间的冲击力也________，会使传动________，同时加速链条和链轮的________。

9. 链轮齿数一般应取与链节数互为质数的________。

10. 新链过长或链条经使用后伸长，难以调整时，可拆去部分________，但必须为________。

四、名词解释

1. 链传动的传动比

2. 链的节距

3. 链的节数

五、问答题

1. 链传动有什么优点?

2. 链传动中对链轮材料有什么要求？一般采用什么材料？

六、综合题

链传动的类型有很多，在日常生活或生产实践中应用广泛，列举几个教材中未提及的链传动实例。

§1—3 螺旋传动

一、选择题（将正确答案的序号填写在括号内）

1. 广泛应用于紧固连接的螺纹是（　　），而传动螺纹常用（　　）。

A. 普通螺纹　　B. 矩形螺纹　　C. 梯形螺纹

2. 普通螺纹的牙型为（　　）。

A. 三角形　　B. 梯形　　C. 矩形

3. 普通螺纹的公称直径是指螺纹的（　　）。

A. 大径　　B. 中径　　C. 小径

4. 在管螺纹中，与圆柱内螺纹配合的圆锥外螺纹的特征代号是（　　）。

A. R_1　　B. Rc　　C. Rp

5. 梯形螺纹广泛应用于（　　）中。

A. 螺旋传动　　B. 螺纹连接　　C. 微调机构

6. 锯齿形螺纹的特征代号是（　　）。

A. Rc　　B. Tr　　C. B

7. 双线螺纹的导程等于螺距的（　　）倍。

A. 2　　　　　　　　　　　　B. 1　　　　　　　　　　　C. 0.5

8. 管螺纹由于管壁较薄，为防止过多地削弱管壁强度，应采用特殊的（　　）。

A. 粗牙螺纹　　　　　　　　　B. 细牙螺纹　　　　　　　　C. 矩形螺纹

9. 微调装置的调整机构一般采用（　　）。

A. 矩形螺纹　　　　　　　　　B. 锯齿形螺纹　　　　　　　C. 细牙普通螺纹

10. 一螺旋传动装置，螺杆为双线螺纹，导程为 12 mm，当螺母转 2 周后，螺杆位移量为（　　）mm。

A. 12　　　　　　　　　　　　B. 24　　　　　　　　　　　C. 48

11. 在“螺杆回转，螺母做直线运动”的双动螺旋传动中，螺母移动方向与（　　）有关。

A. 螺纹的回转方向　　　　　　　　　　　　　　　　　　B. 螺纹的旋向

C. 螺纹的回转方向和旋向

12.（　　）具有摩擦阻力小、摩擦损失小、传动效率高、传递运动平稳、运动灵敏等优点。

A. 梯形螺纹传动　　　　　　　B. 锯齿形螺纹传动　　　　　C. 滚珠螺旋传动

13.（　　）多用于车辆转向机构及对传动精度要求较高的场合。

A. 滚珠螺旋传动　　　　　　　B. 差动螺旋传动　　　　　　C. 普通螺旋传动

14. 车床丝杠螺母的螺旋运动工作时（　　）。

A. 螺母固定不动，螺杆回转并做直线运动

B. 螺杆固定不动，螺母回转并做直线运动

C. 螺杆回转，螺母移动

15. 桌虎钳的夹紧机构工作时（　　）。

A. 螺母固定不动，螺杆回转并做直线运动

B. 螺母回转，螺杆做直线运动

C. 螺杆回转，螺母移动

16. 机床的进给机构若采用双线螺纹，螺距为 4 mm，设螺杆转 4 周，则螺母（刀具）的位移是（　　）mm。

A. 4　　　　　　　　　　　　B. 16　　　　　　　　　　　C. 32

二、判断题（正确的在括号内打“√”，错误的在括号内打“×”）

1. 按照用途不同，螺纹可分为普通螺纹、管螺纹和传动螺纹。（　　）

2. 右旋螺旋线的可见部分自左向右升高，左旋螺旋线则自右向左升高。（　　）

3. 螺杆顺时针方向旋入的螺纹为右旋螺纹。（　　）

4. 相互旋合的内、外螺纹，其旋向相同，公称直径相同。（　　）

5. 所有的管螺纹连接都是依靠螺纹本身进行密封的。（　　）

6. 传动螺纹大都采用多线的三角形螺纹。（　　）

7. 螺纹导程是指同一条螺旋线上相邻两牙之间两对应点的轴向距离。（　　）

8. 锯齿形螺纹广泛应用于单向螺旋传动中。（　　）

9. 普通螺纹的螺纹大径是指与外螺纹牙顶或内螺纹牙底相切的假想圆柱体的直径。（　　）

10．滚珠螺旋传动把滑动摩擦变成了滚动摩擦，其适用于传动精度要求较高的场合。（　）

11．在普通螺旋传动中，从动件的直线移动或转动方向不仅与主动件的转向有关，还与螺纹的旋向有关。（　）

三、填空题（将正确答案填写在横线上）

1．管螺纹主要用于________连接，按照其密封状态可分为55°________管螺纹和55°________管螺纹。

2．细牙螺纹适用于________零件的螺纹连接和________机构的调整。

3．在螺纹牙型上，两相邻牙侧间的夹角称为________。

4．按照螺旋线的线数分类，螺纹可分为________螺纹和________螺纹。

5．螺旋传动具有结构________、工作连续平稳、承载能力________和传动精度________等优点，被广泛应用于各种机械和仪器中。

6．普通螺旋传动的形式可以分为________螺旋传动和________螺旋传动两类。

7．单动螺旋传动的一种形式是________不动，螺杆回转并做直线运动；另一种形式是________不动，螺母旋转并做直线运动。

8．双动螺旋传动的一种形式是________原位回转，螺母做________运动。

四、名词解释

1．螺纹大径

2．螺纹小径

3．螺距

4．导程

5. 牙型角

6. 普通螺旋传动

7. 单动螺旋传动

8. 双动螺旋传动

五、问答题

1. 如何用左、右手来判别螺纹的旋向？

2. 矩形螺纹有什么特点？

3. 如何判定普通螺旋传动的运动方向？

六、综合题

1. 一普通螺旋传动机构，双线螺杆驱动螺母做直线运动，螺距为 6 mm，试求螺杆转 2 周时螺母的移动距离。

2. 在单线螺旋传动中，螺距为 6 mm，若螺母移动 24 mm，螺杆应转多少周？

3. 图 1—1 所示为螺旋千斤顶，观察其结构并说明其工作原理。

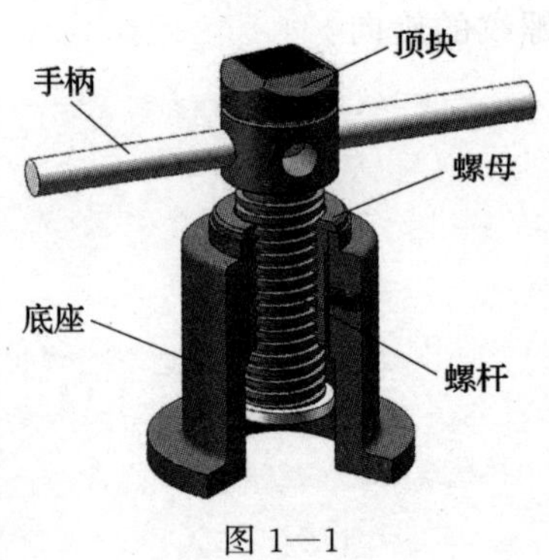

图 1—1

§1—4 齿轮传动

一、选择题（将正确答案的序号填写在括号内）

1. 能保证瞬时传动比恒定、工作可靠性高、传递运动准确的是（　　）。

A. 带传动　　B. 链传动　　C. 齿轮传动

2. 渐开线齿轮是以（　　）作为齿廓的齿轮。

A. 同一基圆上产生的两条反向渐开线

B. 任意两条反向渐开线

C. 两个半径不同的基圆所产生的两条反向渐开线

3. 标准直齿圆柱齿轮的分度圆直径 d 等于（　　）。

A. mz　　B. mp　　C. $m(z+2)$

4. 两渐开线直齿圆柱齿轮正确啮合的条件是（　　）。

A. $m_1=m_2$　　B. $\alpha_1=\alpha_2$　　C. $m_1=m_2$ 和 $\alpha_1=\alpha_2$

5. 斜齿圆柱齿轮传动、人字齿圆柱齿轮传动都属于（　　）间齿轮传动。

A. 两平行轴　　B. 两相交轴　　C. 两交叉轴

6. 标准直齿圆柱齿轮的分度圆的齿厚（　　）齿槽宽。

A. 大于　　B. 小于　　C. 等于

7. 在直齿圆柱齿轮上，两个相邻且同侧端面齿廓之间的分度圆弧长称为（　　）。

A. 齿距　　B. 齿厚　　C. 齿槽宽

8. 分度圆上的压力角（　　）20°。

A. 大于　　B. 小于　　C. 等于

9. 国家标准规定，齿轮标准的压力角在（　　）上。

A. 齿顶圆　　B. 齿根圆　　C. 分度圆

10. 一对标准直齿圆柱齿轮正确啮合，两齿轮的模数（　　），两齿轮分度圆上的压力角（　　）。

A. 相等；不相等　　B. 相等；相等　　C. 不相等；相等

11. 内齿轮的齿顶圆（　　）分度圆，齿根圆（　　）分度圆。

A. 大于　　B. 小于　　C. 等于

12. 内齿轮的齿廓是（　　）的。

A. 外凸　　B. 内凹　　C. 平直

13. 轮齿的齿根高应（　　）齿顶高。

A. 大于　　B. 小于　　C. 等于

14. 渐开线齿轮的模数 m 和齿距 p 的关系为（　　）。

A. $pm=\pi$　　B. $m=\pi p$　　C. $p=\pi m$

15. （　　）具有承载能力大、传动平稳、工作寿命长等特点。

A. 斜齿圆柱齿轮　　B. 直齿圆柱齿轮　　C. 锥齿轮

16. 国家标准规定，斜齿圆柱齿轮的（　　）模数和压力角为标准值。

A. 法向　　B. 端面　　C. 法向和端面

17. 直齿锥齿轮应用于两轴（　　）的传动。

A. 平行　　B. 相交　　C. 相错

18. 国家标准规定，直齿锥齿轮（　　）的参数为标准参数。

A. 小端　　B. 大端　　C. 中间平面

19. 齿条的齿廓是（　　）。

A. 圆弧　　B. 渐开线　　C. 直线

20. 图 1—2 所示为（　　）圆柱齿轮。

A. 左旋斜齿

B. 右旋斜齿

C. 直齿

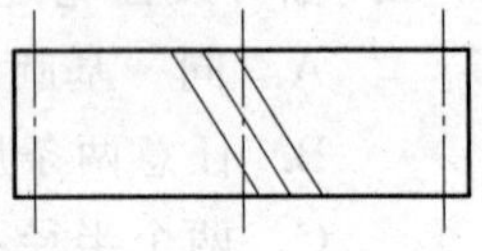

图 1—2

21. 斜齿轮传动时，其轮齿啮合线先（　　），再（　　）。

A. 由短变长　　B. 由长变短　　C. 不变

22. 在锥齿轮中，（　　）锥齿轮应用最广。

A. 曲齿　　B. 斜齿　　C. 直齿

23. 斜齿圆柱齿轮的端面几何参数用（　　）作标记，法向几何参数用（　　）作标记。

A. x　　B. n　　C. t

24. 开式齿轮低速传动时，可采用（　　）作为齿轮材料。

A. 铸钢　　B. 夹布胶木　　C. 灰铸铁或球墨铸铁

25. 当 $v>12$ m/s 时，闭式齿轮传动的润滑方式应采用（　　）。

A. 人工定期加油润滑　　B. 喷油润滑　　C. 油池润滑

26. 良好的润滑能起到（　　）的作用。

A. 增大摩擦　　B. 降低噪声　　C. 提高承载能力

二、判断题（正确的在括号内打“√”，错误的在括号内打“×”）

1. 齿轮传动具有瞬时传动比恒定，工作可靠性高，运转过程中没有振动、冲击和噪声等优点，所以应用广泛。（　　）

2. 齿轮传动的传动比等于两齿轮齿数之比。（　　）

3. 同一基圆上产生的渐开线形状不相同。（　　）

4. 因渐开线齿轮能够保持传动比恒定，所以齿轮传动常用于传动比要求准确的场合。（　　）

5. 国家标准规定，标准直齿圆柱齿轮的齿顶高等于模数。（　　）

6. 渐开线齿廓上各点的压力角是不相等的。（　　）

7. 模数等于齿距除以圆周率的商，是一个没有单位的量。（　　）

8. 当模数一定时，齿轮的几何尺寸与齿数无关。（　　）

9. 斜齿圆柱齿轮的螺旋角 β 一般取 8°～30°，常用 8°～15°。（　　）

10. 一对外斜齿圆柱齿轮啮合传动时，两齿轮螺旋角大小相等、旋向相同。（　　）

11. 斜齿圆柱齿轮的螺旋角越大，传动平稳性越差。 (　　)

12. 斜齿圆柱齿轮的端面参数为标准值。 (　　)

13. 斜齿圆柱齿轮传动适用于高速、重载的场合。 (　　)

14. 直齿锥齿轮两轴间的交角可以是任意的。 (　　)

15. 大、小齿轮的齿数分别为 42 和 21，当啮合传动时，大齿轮转速高，小齿轮转速低。 (　　)

16. 优质碳素结构钢和合金结构钢都可以作为齿轮的材料。 (　　)

17. 对高速、轻载而又要求低噪声的齿轮传动，也可采用非金属材料。 (　　)

18. 良好的润滑能提高齿轮的传动效率，延长齿轮的工作寿命。 (　　)

19. 开式齿轮传动通常采用人工定期加油润滑，闭式齿轮传动多采用油池润滑。(　　)

三、填空题（将正确答案填写在横线上）

1. 齿轮传动是利用________来传递运动和动力的。

2. 齿轮传动的传动比用公式表示为________。

3. 按照轮齿的方向分类，圆柱齿轮可分为________圆柱齿轮、________圆柱齿轮和人字齿圆柱齿轮。

4. 形成渐开线的圆称为________。

5. 在机械传动中，为保证齿轮传动的平稳可靠性，齿轮齿廓通常采用________。

6. 在齿轮啮合过程中，即使两轮的实际中心距与设计的中心距稍有改变，其仍能保持瞬时________不变。

7. 渐开线齿廓上各点的压力角________，离基圆越远的点，压力角越________，基圆上的压力角等于________。

8. 国家标准规定，渐开线圆柱齿轮分度圆上的压力角等于________，标准直齿圆柱齿轮的齿顶高等于________，齿根高等于________。

9. 直齿圆柱齿轮的正确啮合条件是两齿轮的模数必须________，两齿轮分度圆上的压力角必须________。

10. 斜齿圆柱齿轮比直齿圆柱齿轮承载能力________，传动平稳性________，工作寿命________。

11. 斜齿圆柱齿轮的正确啮合条件是两齿轮________模数相等，________压力角相等，螺旋角________，螺旋方向________。

12. 齿轮齿条传动的主要目的是将齿轮的________运动转变为齿条的往复________运动。

13. 斜齿圆柱齿轮的螺旋角 β 越大，轮齿倾斜程度越________，传动平稳性越________，轴向力也越________。

14. 直齿锥齿轮的正确啮合条件是两齿轮________相等，两齿轮________相等。

15. 齿轮常用的材料有________结构钢、________结构钢、________钢、铸铁和非金属材料等。

16. 齿轮的常用结构形式有齿轮轴、________齿轮、________齿轮、________齿轮四种。

17. 钢制齿轮的热处理方法主要有________、________、________、________、________等。

18. 当 $v<12$ m/s 时，闭式齿轮传动的润滑方式应采用________。

19. 开式齿轮传动通常采用人工定期润滑，可采用________或________。

四、名词解释

1. 齿轮传动的传动比

2. 齿顶圆

3. 齿根圆

4. 分度圆

5. 压力角

6. 模数

7. 斜齿圆柱齿轮的螺旋角

五、问答题

1. 什么是渐开线？

2. 简述齿轮传动的优点。

3. 渐开线齿廓啮合时具有什么特性？

六、综合题

1. 在齿轮传动中，主动轮齿数 $z_1=20$，从动轮齿数 $z_2=50$，主动轮转速 $n_1=1\ 000$ r/min，求传动比 i 和从动轮转速 n_2。

2. 机床因超负荷将一对啮合的标准直齿圆柱齿轮打坏，现仅测得其中一个齿轮的齿顶圆半径为 48 mm，齿根圆半径为 41.25 mm，两轴承孔中心距为 135 mm。求两齿轮齿数和模数。

3. 某工人进行技术革新，找到两个标准直齿圆柱齿轮，测得小齿轮的齿顶圆直径为 115 mm，因大齿轮太大，只测出其齿高为 11.25 mm，两齿轮的齿数分别为 21（小齿轮）和 98（大齿轮）。试判定两个齿轮是否可以正确啮合传动。

4. 一对外啮合标准直齿圆柱齿轮，主动轮转速 $n_1=1\ 500$ r/min，从动轮转速 $n_2=500$ r/min，两齿轮齿数之和（z_1+z_2）为 120，模数 $m=4$ mm。求两齿轮的齿数 z_1、z_2和中心距 a。

5. 到生产或实习车间去观察车床主轴箱或汽车变速器中的齿轮都有哪些类型并做记录。

§1—5 蜗轮蜗杆传动

一、选择题（将正确答案的序号填写在括号内）

1. 在圆柱蜗轮蜗杆传动中，（　　）蜗杆应用广泛。

A. 阿基米德　　B. 渐开线　　C. 法向直廓

2. 在蜗轮蜗杆传动中，蜗杆与蜗轮轴线在空间交错成（　　）。

A. 30°　　B. 60°　　C. 90°

3. 与齿轮传动相比，蜗轮蜗杆传动具有（　　）等优点。

A. 传递功率大，效率高

B. 传动比大，平稳，无噪声

C. 材料便宜，互换性好

4. 蜗轮蜗杆传动常用于（　　）。

A. 减速传动　　B. 增速传动　　C. 等速传动

5. 传动比大且准确的传动是（　　）。

A. 齿轮传动　　B. 链传动　　C. 蜗轮蜗杆传动

6. 在蜗轮蜗杆传动中，通常把通过蜗杆轴线而与蜗轮轴线（　　）的平面称为中间平面。

A. 垂直　　B. 平行　　C. 重合

7. 国家标准规定，蜗杆以（　　）参数为标准参数，蜗轮以（　　）参数为标准参数。

A. 端面　　B. 轴向　　C. 法面

8. 在中间平面内，普通蜗轮蜗杆传动相当于（　　）的传动。

A. 齿轮和齿条　　B. 丝杆和螺母　　C. 斜齿轮

9. 蜗轮轮齿的常用材料是（　　）。

A. 铸造锡青铜　　B. 20Cr　　C. 45 钢

10. 在蜗轮蜗杆传动中，为减小摩擦，（　　）宜采用铸造铝青铜制造。

A. 蜗杆　　B. 蜗轮　　C. 蜗杆和蜗轮

11. 蜗杆可采用（　　）制造。

A. 20Cr　　B. 灰铸铁　　C. 铸造锡青铜

二、判断题（正确的在括号内打“√”，错误的在括号内打“×”）

1. 蜗轮蜗杆传动相当于两轴交错 90°的螺旋齿轮传动。 （ ）
2. 在蜗轮蜗杆传动中，一般蜗轮为主动件，蜗杆为从动件。 （ ）
3. 当蜗杆的导程角≥5°时，蜗轮蜗杆传动可实现自锁。 （ ）
4. 蜗杆通常与轴做成一体。 （ ）
5. 蜗轮蜗杆传动和齿轮传动相比，能够获得更大的单级传动比。 （ ）
6. 蜗轮蜗杆传动可实现自锁，能起到安全保护作用。 （ ）
7. 蜗轮蜗杆传动适用于传动功率大和工作时间长的场合。 （ ）
8. 在分度机构中，蜗轮蜗杆传动的传动比可达 1 000 以上。 （ ）
9. 互相啮合的蜗杆与蜗轮旋向相反。 （ ）
10. 蜗杆头数越少，蜗轮蜗杆传动的传动比就越大。 （ ）
11. 蜗轮蜗杆传动的标准模数为蜗杆的轴向模数和蜗轮的端面模数。 （ ）
12. 在蜗轮蜗杆传动中，蜗杆导程角越大，其自锁性越强。 （ ）
13. 在同一条件下，多头蜗杆与单头蜗杆相比，其传动效率更高。 （ ）
14. 蜗轮蜗杆传动摩擦产生的发热量较大，所以要求工作时有良好的润滑条件。 （ ）
15. 低速、轻载时，蜗杆材料常选用 45 钢并进行调质处理，高速、重载时常选用铝合金。 （ ）

三、填空题（将正确答案填写在横线上）

1. 阿基米德蜗杆的轴向齿廓是________，法面齿廓为________。

2. 蜗轮蜗杆传动通常由________（主动件）带动________（从动件）转动，并传递运动和动力。

3. 蜗轮蜗杆传动的主要特点有结构________，工作________，无噪声，冲击和振动小，能得到很大的单级________等。

4. 蜗轮齿数可根据________和________来确定。

5. 蜗杆头数少，则蜗轮蜗杆传动的传动比大，容易________，传动效率较________。

6. 蜗轮回转方向的判定不仅取决于蜗杆的________，还取决于蜗杆的________。

7. 蜗轮常采用组合结构，其连接方式有________连接、________连接和________连接。

8. 蜗轮蜗杆传动的润滑方式主要有________和________。

9. 蜗轮的轮心可采用________或________等材料。

10. 一对相互啮合的蜗轮蜗杆，蜗杆的________模数和蜗轮________的模数相等，且为标准值。

11. 一对相互啮合的蜗轮蜗杆，蜗杆的________压力角和蜗轮的________压力角相等，且为标准值。

12. 在蜗轮蜗杆传动中，蜗轮、蜗杆齿的旋向应________。

四、名词解释

1. 蜗杆

2. 蜗轮

五、问答题

1. 简述蜗轮蜗杆传动的应用场合。

2. 简述判断蜗轮回转方向的左、右手定则。

3. 在蜗轮蜗杆传动中，润滑的主要目的是什么？有哪些方式？

六、综合题

1. 判断如图 1—3 所示蜗轮、蜗杆的回转方向或旋向，并绘制相应的回转符号或旋向符号。

（1）判断 a 图中蜗轮的回转方向。

（2）判断 b 图中蜗杆的回转方向。

（3）判断 c 图中蜗杆的旋向。

（4）判断 d 图中蜗轮的回转方向。

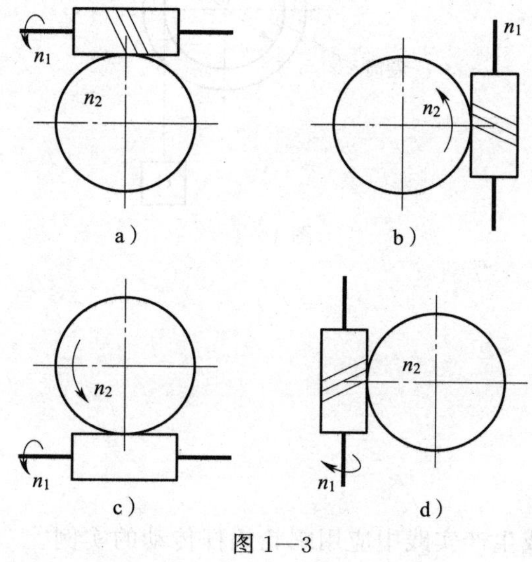

图 1—3

2. 已知一蜗轮蜗杆传动中，蜗杆头数 $z_1=3$，转速 $n_1=1\ 380$ r/min。求：

（1）若蜗轮齿数 $z_2=69$，则蜗轮转速 n_2是多少？

（2）若蜗轮转速 $n_2=45$ r/min，则蜗轮齿数 z_2是多少？

3. 图 1—4 所示为由电动机直接驱动的蜗轮减速器。已知电动机转速 $n_1=960$ r/min，蜗杆为单头，蜗轮齿数 $z_2=60$，卷筒直径 $D=300$ mm。求：

(1) 蜗轮蜗杆传动的传动比 i_{12}。

(2) 重物 G 的移动速度 v。

(3) 用箭头标出图示情况下重物的移动方向（上升还是下降）。

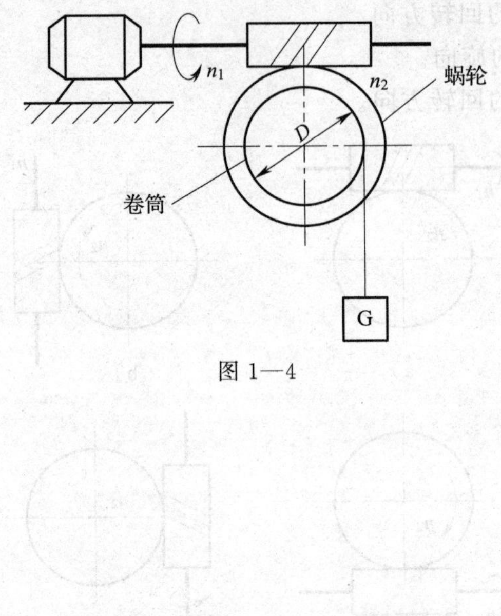

图 1—4

4. 列举在日常生活或生产实践中应用蜗轮蜗杆传动的实例。

§1—6 轮 系

一、选择题（将正确答案的序号填写在括号内）

1. 当两轴相距较远且要求瞬时传动比准确时，应采用（　　）传动。

A. 带　　B. 链　　C. 轮系

2. 在轮系中，若齿轮与轴各自转动、互不影响，则齿轮与轴之间的位置关系是（　　）。

A. 空套　　B. 固定　　C. 滑移

3. 在轮系中，齿轮与轴之间滑移，是指齿轮与轴周向固定，齿轮可沿（　　）滑移。

A. 周向　　B. 轴向　　C. 纵向

4. 在轮系中，(　　) 既可以是主动轮又可以是从动轮，对总传动比没有影响，起到改变齿轮副中从动轮回转方向的作用。

A. 惰轮　　B. 滑移齿轮　　C. 锥齿轮

5. 若主动轴转速为 1 200 r/min，要求从动轴获得 12 r/min 的转速，应采用 (　　)。

A. 一对齿轮传动　　B. 一级链传动　　C. 轮系传动

6. 在轮系中，两齿轮间若增加 (　　) 个惰轮时，首、末两轮的转向相同。

A. 1　　B. 2　　C. 4

7. 轮系采用惰轮的主要目的是使机构具有 (　　) 功能。

A. 变速　　B. 变向　　C. 变速和变向

二、判断题（正确的在括号内打“√”，错误的在括号内打“×”）

1. 轮系既可以传递相距较远的两轴之间的运动，又可以获得很大的传动比。(　　)

2. 轮系可以方便地实现变速要求，但不能实现变向要求。(　　)

3. 在轮系中，齿轮与轴不可以有相对滑移。(　　)

4. 在轮系中，齿轮与轴之间固定，是指齿轮与轴一同转动，且齿轮能沿轴向移动。(　　)

5. 采用轮系传动可以获得很大的传动比。(　　)

6. 采用轮系，可使结构紧凑，缩小传动装置的空间。(　　)

7. 在轮系中，若各齿轮轴线相互平行，则既可用画箭头的方法确定从动轮的转向，也可用外啮合的齿轮对数确定从动轮的转向。(　　)

8. 轮系中的惰轮既可以改变从动轴的转速，又可以改变从动轴的转向。(　　)

9. 在轮系中，某一个齿轮既可以是前级的从动轮，也可以是后级的主动轮。(　　)

10. 轮系可以成为一个变速机构。(　　)

三、填空题（将正确答案填写在横线上）

1. 为满足机器的功能要求和实际工作需要，由多对相互啮合的齿轮所构成的传动系统称为________。

2. 按照传动时各齿轮的轴线位置是否固定，轮系可分为____________、____________和________三大类。

3. 当轮系运转时，所有齿轮几何轴线的位置相对于机架固定不变的轮系称为________。

4. 周转轮系可分为________与________两种。

5. 若轮系中含有锥齿轮、蜗轮蜗杆、齿轮齿条，其各轮转向只能用________的方法表示。

6. 定轴轮系中的传动比等于________与________的转速之比，也等于该轮系中所有________齿数的连乘积与所有________齿数的连乘积之比。

7. 在各齿轮轴线相互平行的轮系中，若外啮合齿轮的啮合对数为偶数，则首轮与末轮的转向________；若为奇数，则首轮与末轮的转向________。

8. 在轮系中，________常用于需要改变转向的场合。

四、名词解释

1. 周转轮系

2. 行星轮系

3. 定轴轮系的传动比

五、问答题

1. 轮系有哪些应用特点？

2. 简述周转轮系的组成。

六、综合题

1. 列举日常生活或生产实践中轮系应用的实例。

2. 观察车床主轴箱或汽车变速器中的轮系，分析它们属于哪种轮系类型。

3. 在如图 1—5 所示的定轴轮系中，已知各齿轮的齿数分别为 $z_1=30$，$z_2=45$，$z_3=20$，$z_4=48$。求轮系传动比 i_{14}，并用箭头在图中标出各齿轮的回转方向。

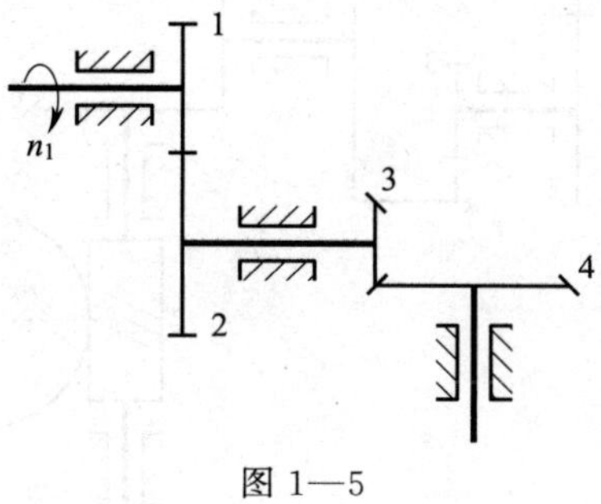

图 1—5

4. 在如图 1—6 所示的定轴轮系中，已知 $n_1=1\ 440$ r/min，各齿轮的齿数分别为 $z_1=z_3=z_6=18$，$z_2=27$，$z_4=z_5=24$，$z_7=81$。求：

（1）轮系中哪一个齿轮是惰轮。

（2）末轮的转速 n_7。

（3）用箭头在图中标出各齿轮的回转方向。

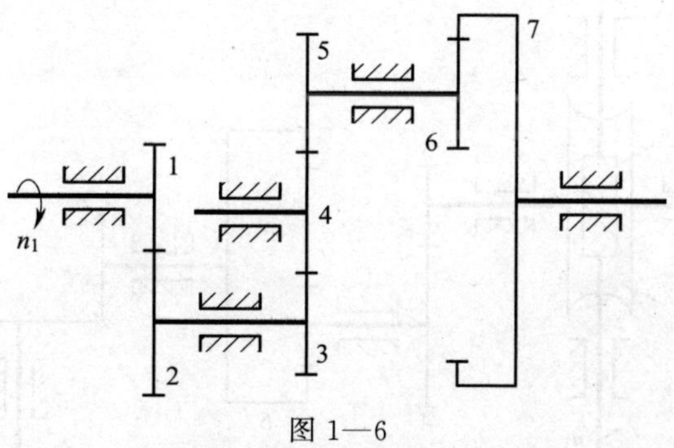

图 1—6

5. 在如图 1—7 所示的定轴轮系中，已知 $n_1=720$ r/min，各齿轮的齿数分别为 $z_1=20$，$z_2=30$，$z_3=15$，$z_4=45$，$z_5=15$，$z_6=30$，蜗杆头数 $z_7=2$，蜗轮齿数 $z_8=50$。求：

(1) 该轮系的传动比 i_{18}。

(2) 蜗轮的转速 n_8。

(3) 用箭头在图中标出各轮的回转方向。

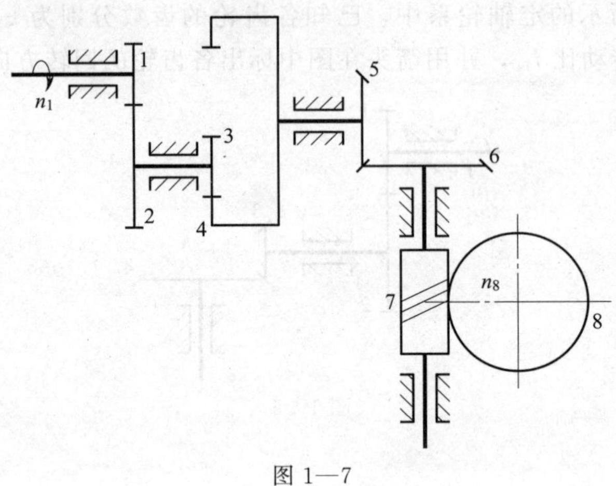

图 1—7

6. 在如图 1—8 所示的定轴轮系中，已知蜗杆 1 的旋向和转向，用箭头在图中标出其余各轮的转向；若各轮齿数分别为 $z_1=2$，$z_2=40$，$z_3=20$，$z_4=60$，$z_5=25$，$z_6=50$，$z_7=30$，$z_8=45$，求该轮系的传动比 i_{18}。

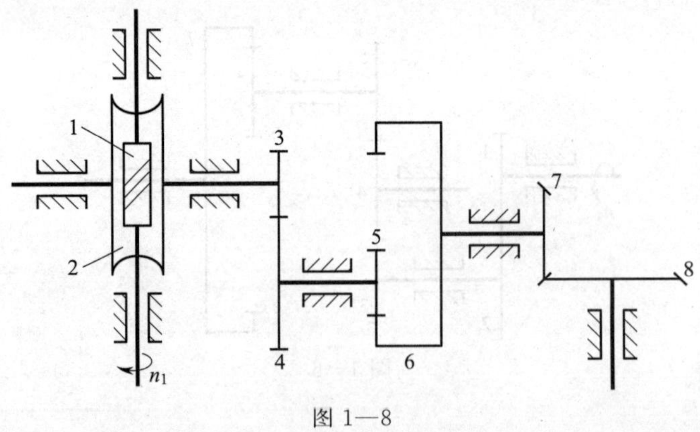

图 1—8

第2章 常用机构

§2—1 平面连杆机构

一、选择题（将正确答案的序号填写在括号内）

1. 在铰链四杆机构中，能绕铰链中心做整周旋转的杆件为（ ）。
   A. 连杆　　B. 摇杆　　C. 曲柄
2. 如图 2—1 所示，惯性筛采用的是（ ）机构。

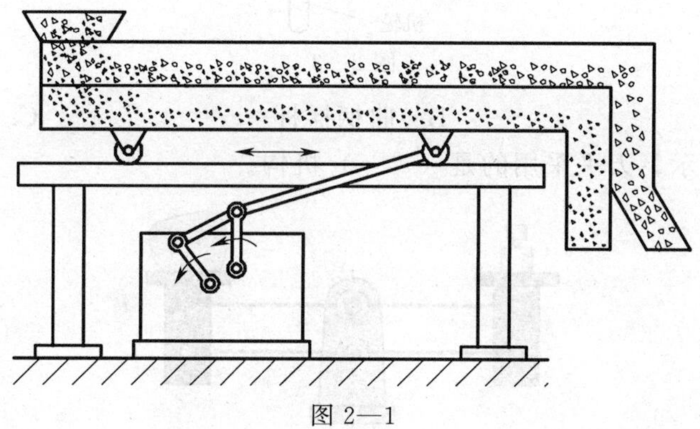

图 2—1

   A. 曲柄摇杆　　B. 双摇杆　　C. 双曲柄
3. 构件间以四个（ ）相连的平面四杆机构称为平面铰链四杆机构，简称铰链四杆机构。
   A. 移动副　　B. 转动副　　C. 移动副或转动副
4. 在铰链四杆机构中，不与机架直接连接的杆件称为（ ）。
   A. 摇杆　　B. 连架杆　　C. 连杆
5. 如图 2—2 所示，汽车刮水器采用的是（ ）机构。

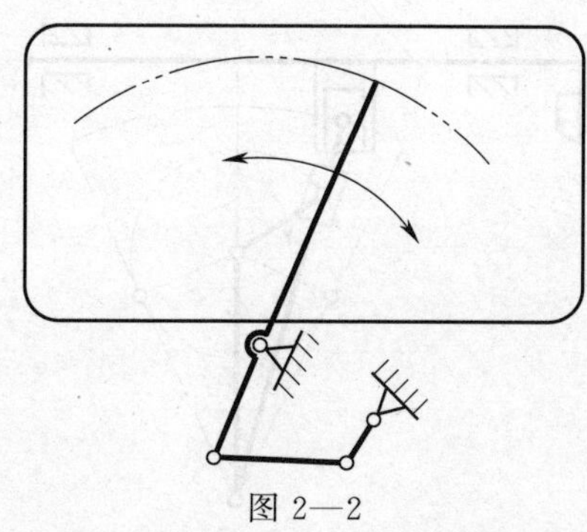

图 2—2

A. 双曲柄　　　　　　　　B. 曲柄摇杆　　　　　　　　C. 双摇杆

6. 平行双曲柄机构中的两个曲柄（　　）。

A. 长度相等，旋转方向相同

B. 长度不等，旋转方向相同

C. 长度相等，旋转方向相反

7. 如图 2—3 所示，飞机起落架采用的是（　　）机构。

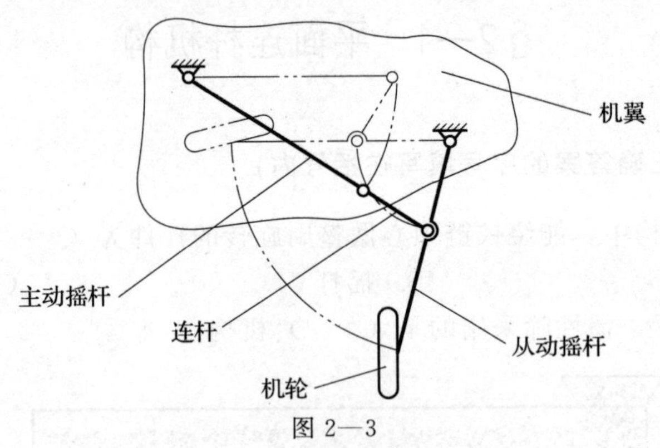

图 2—3

A. 双摇杆　　　　　　　　B. 曲柄摇杆　　　　　　　　C. 双曲柄

8. 如图 2—4 所示，天平采用的是（　　）机构。

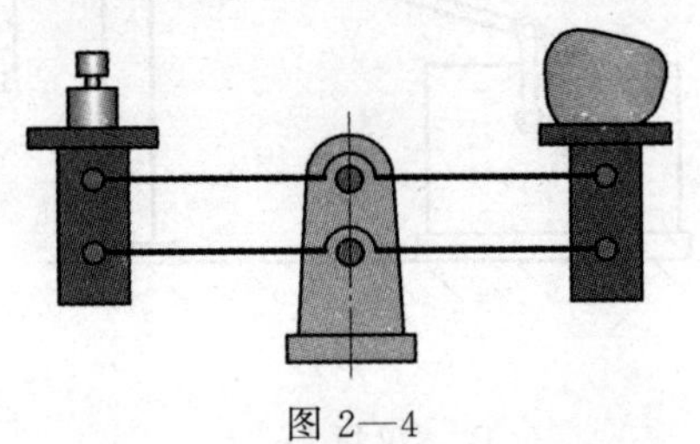

图 2—4

A. 双摇杆　　　　　　　　B. 平行双曲柄　　　　　　　　C. 不等长双曲柄

9. 在曲柄滑块机构中，若机构存在死点位置，则主动件为（　　）。

A. 连杆　　　　　　　　B. 曲柄　　　　　　　　C. 滑块

10. 如图 2—5 所示，牛头刨床的主运动是由（　　）机构实现的。

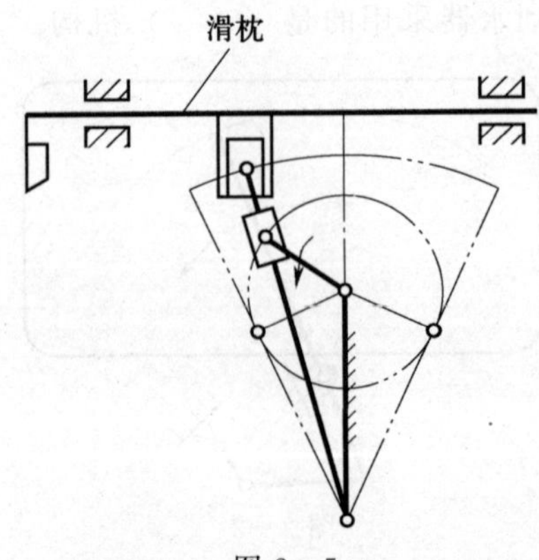

图 2—5

A. 曲柄摇杆　　B. 摆动导杆　　C. 双曲柄

11. 在铰链四杆机构中，如果有曲柄存在，则该机构（　　）长度之和小于或等于其余两杆件的长度之和。

A. 最短杆件与最长杆件　　B. 相邻两杆件　　C. 不相邻两杆件

12. 在不等长双曲柄机构中，（　　）长度最短。

A. 曲柄　　B. 连杆　　C. 机架

13. 在曲柄摇杆机构中，曲柄的长度（　　）。

A. 最短　　B. 最长

C. 介于最短杆件与最长杆件之间

14. 在曲柄摇杆机构中，以（　　）为主动件，连杆与（　　）处于共线位置时，该位置称为死点位置。

A. 曲柄　　B. 摇杆　　C. 机架

15. 当曲柄摇杆机构出现死点位置时，可采用（　　）的方法使其顺利通过死点位置。

A. 在曲柄上加设飞轮　　B. 减小曲柄阻力　　C. 加大摇杆主动力

16. 在曲柄摇杆机构中，若以摇杆为主动件，则在死点位置时曲柄的瞬时运动方向是（　　）。

A. 按原运动方向　　B. 按原运动的反方向　　C. 不确定的

二、判断题（正确的在括号内打“√”，错误的在括号内打“×”）

1. 平面连杆机构是由一些刚性构件用转动副、移动副或螺旋副相互连接而成的。（　　）

2. 铰链四杆机构中有一杆必为连杆。（　　）

3. 在铰链四杆机构中，能绕铰链中心做整周旋转的杆件是摇杆。（　　）

4. 双曲柄机构中两个曲柄的长度必须相等。（　　）

5. 常把曲柄摇杆机构中的曲柄和连杆称为连架杆。（　　）

6. 曲柄滑块机构常用于内燃机中。（　　）

7 将曲柄滑块机构中的滑块改为固定件，则原机构将演化为摆动导杆机构。（　　）

8. 曲柄滑块机构是由曲柄摇杆机构演化而来的。（　　）

9. 铰链四杆机构中最短杆就是曲柄。（　　）

10. 在铰链四杆机构的三种基本形式中，最长杆与最短杆的长度之和必定小于其余两杆件长度之和。（　　）

11. 在实际生产中，机构的死点位置对工作都是有害无益的。（　　）

12. 各种双曲柄机构中都存在死点位置。（　　）

13. 在实际生产中，常利用急回特性来缩短工作时间，提高生产效率。（　　）

14. 当最长杆件与最短杆件长度之和小于或等于其余两杆件长度之和，且连架杆与机架中有一杆为最短杆件时，则一定为双摇杆机构。（　　）

15. 牛头刨床的刀具退刀速度大于其工作速度，就是利用了四杆机构死点位置的基本原理。（　　）

三、填空题（将正确答案填写在横线上）

1. 平面连杆机构是将刚性________用________或________连接而组成的平面机构。

2. 当平面连杆机构是具有四个构件（包括机架）的机构时，该机构称为______机构。

3. 在铰链四杆机构中，固定不动的构件称为______；不与机架直接连接的构件称为______；与机架相连的构件称为______；能绕固定轴做整周旋转运动的连架杆称为______；能绕固定轴在一定角度（小于 180°）范围内摆动的连架杆称为______。

4. 铰链四杆机构一般有________机构、________机构和________机构三种基本形式。

5. 如图 2—6 所示，天平是利用平行________机构中的两曲柄转向______和长度______的特性，保证两个天平盘始终保持在水平状态。

6. 在曲柄滑块机构中，若以曲柄为主动件，则可以把曲柄的______运动转换成滑块的往复______运动。

7. 在如图 2—7 所示的曲柄滑块机构中，若曲柄长为 20mm，则滑块的行程 $H=$______。

图 2—6

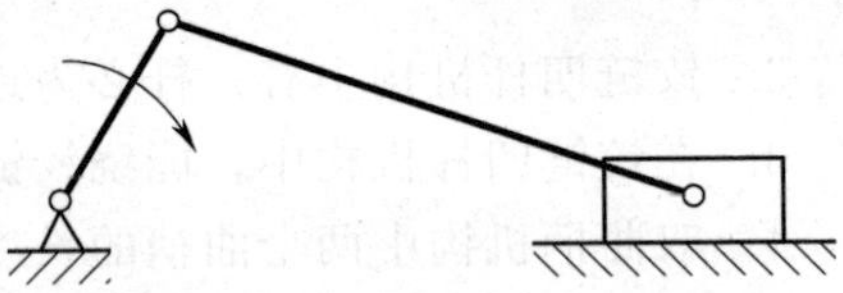

图 2—7

8. 铰链四杆机构中是否存在曲柄，主要取决于机构中各杆的______和______的选择。

9. 利用铰链四杆机构急回特性设计的机构可以节省________时间，提高______。

10. 在如图 2—8 所示的铰链四杆机构中，各杆件尺寸分别为 $AB=450$ mm，$BC=400$ mm，$CD=300$ mm，$AD=200$ mm。若以________杆或________杆为机架，则为曲柄摇杆机构；若以 BC 杆为机架，则为________机构；若以 AD 杆为机架，则为________机构。

11. 当以曲柄摇杆机构的摇杆作为主动件时，存在______个死点位置。在死点位置，该机构中的______和______处于共线状态。

图 2—8

12. 通常可以利用______来保证机构顺利通过死点位置。

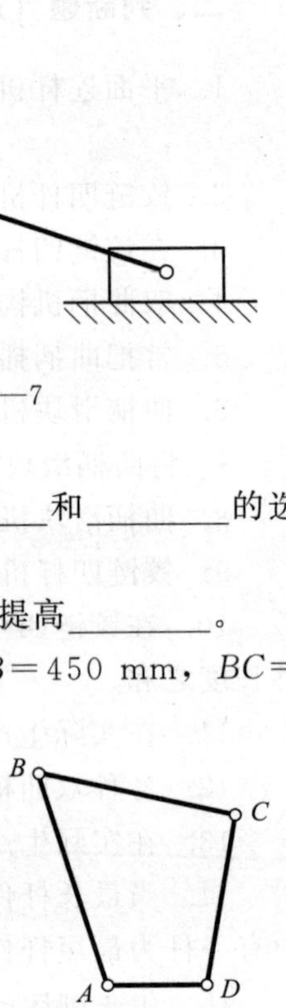

四、名词解释

1. 曲柄摇杆机构

2. 双曲柄机构

3. 双摇杆机构

4. 死点位置

五、问答题

简述铰链四杆机构存在曲柄的条件。

六、综合题

1. 在图 2—9 所示的铰链四杆机构中，若以 AD 杆为机架，AD=20 mm，CD=40 mm，BC=30 mm，若要获得双曲柄机构，求 AB 杆的长度范围。

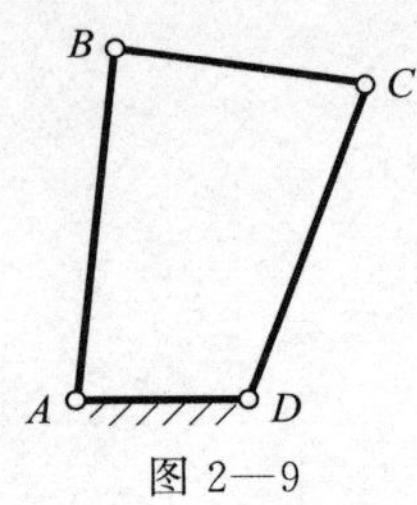

图 2—9

2. 在图 2—10 所示的曲柄滑块机构中，在什么条件下机构会产生死点位置？在图 2—10b、c 中按照图示尺寸画出死点位置。

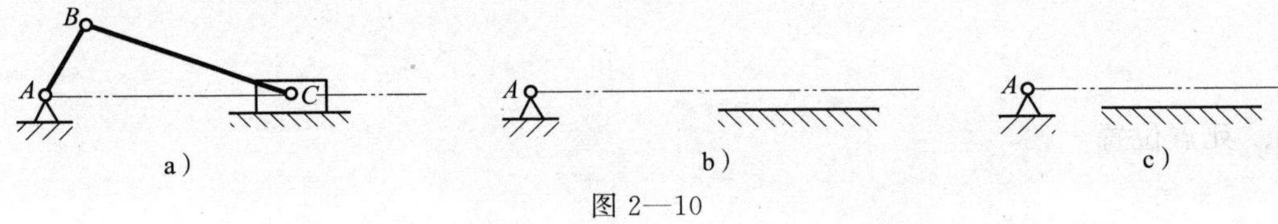

图 2—10

3. 根据图 2—11 中标注的尺寸，判断各铰链四杆机构的基本类型。

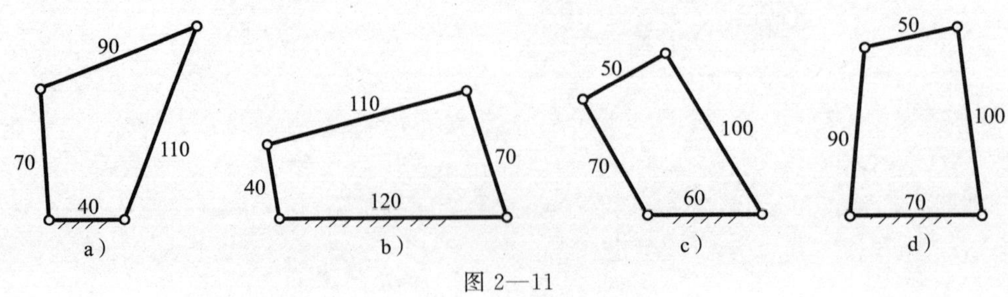

图 2—11

图 a 为________机构，图 b 为________机构，图 c 为________机构，图 d 为________机构。

4. 用作图法画出如图 2—12 所示曲柄摇杆机构中摇杆的极限位置（死点位置）。

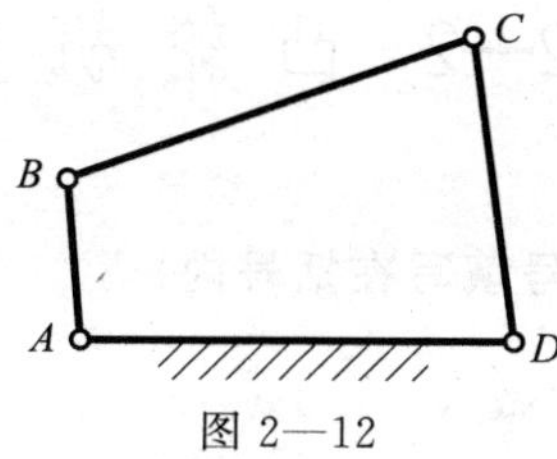

图 2—12

5. 如图 2—13 所示，$AB=30$ mm，$CD=20$ mm，$AD=50$ mm。若此机构为曲柄摇杆机构，求 BC 的长度范围。

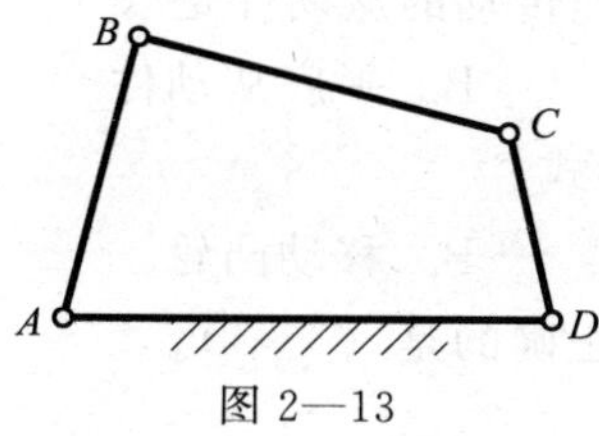

图 2—13

6. 试举出日常生活或生产实践中铰链四杆机构的应用实例。

7. 在生产实习中，仔细观察并分析牛头刨床是由哪些机构实现切削运动的。

§2—2 凸 轮 机 构

一、选择题（将正确答案的序号填写在括号内）

1. 在凸轮机构中，主动件通常做（　　）。
   A. 等速转动或移动　　B. 变速转动　　C. 变速移动
2. 凸轮与从动件接触处的运动副属于（　　）。
   A. 转动副　　B. 高副　　C. 移动副
3. 在凸轮机构中，从动件构造最简单的是（　　）。
   A. 平底从动件　　B. 滚子从动件　　C. 尖顶从动件
4. 盘形凸轮机构的主动件做（　　）。
   A. 往复摆动　　B. 往复移动　　C. 旋转运动
5. 在凸轮机构中，常用于高速传动的从动件是（　　）。
   A. 滚子从动件　　B. 平底从动件　　C. 尖顶从动件
6. （　　）是凸轮最基本的形式。
   A. 盘形凸轮　　B. 移动凸轮　　C. 圆柱凸轮
7. 下面有关凸轮机构的论述正确的是（　　）。
   A. 不能用于高速传动
   B. 从动件只能做直线移动
   C. 凸轮机构是高副机构
8. 从动件的运动规律决定了凸轮的（　　）。
   A. 轮廓形状　　B. 转速　　C. 大小
9. 做等速运动的从动件，其位移曲线的形状是（　　）。
   A. 抛物线　　B. 斜直线　　C. 双曲线
10. 做等加速等减速运动的凸轮机构（　　）。
    A. 存在刚性冲击　　B. 避免了刚性冲击　　C. 没有冲击
11. 做等速运动的凸轮机构一般适用于凸轮做（　　）、轻载的场合。
    A. 低速回转　　B. 中速回转　　C. 高速回转
12. 做等加速等减速运动的从动件，其位移曲线的形状是（　　）。
    A. 斜直线　　B. 抛物线　　C. 双曲线

二、判断题（正确的在括号内打“√”，错误的在括号内打“×”）

1. 在凸轮机构中，凸轮为主动件。（　　）
2. 凸轮机构广泛用于机械自动控制装置。（　　）
3. 移动凸轮做相对于机架的往复直线移动。（　　）
4. 设计适当的凸轮轮廓曲线可使从动件获得任意预期的运动规律。（　　）
5. 在凸轮机构中，主动件通常做等速转动或移动。（　　）

6. 端面圆柱凸轮是一端带有沟槽的圆柱体。 (　　)

7. 在凸轮机构中，从动件做等速运动是指从动件上升的速度和下降的速度必定相等。 (　　)

8. 在凸轮机构中，从动件做等速运动的原因是凸轮做等速转动。 (　　)

9. 在凸轮机构中，从动件做等加速等减速运动是指从动件在上升时做等加速运动，在下降时做等减速运动。 (　　)

三、填空题（将正确答案填写在横线上）

1. 凸轮机构主要由________、________和________三个基本构件组成。

2. 在凸轮机构工作时，凸轮轮廓与从动件之间必须始终________，否则就不能正常工作。

3. 盘形凸轮为________尺寸变化的盘形构件，它绕固定轴做________运动。

4. 在凸轮机构中，按照凸轮的形状分类，凸轮可分为________凸轮、________凸轮、________凸轮和________凸轮四类。

5. 在凸轮机构中，从动件端部形状主要有________、________、________和________等。

6. 在凸轮机构中，从动件常用的运动规律有________运动规律和____________运动规律。

7. 凸轮机构最常用的运动形式为凸轮做________运动，从动件做________。

8. 在低速、中小载荷等一般场合下，凸轮材料常采用________和________并进行表面淬火。

四、名词解释

1. 凸轮机构

2. 从动件的行程

3. 从动件的回程

五、问答题

1. 凸轮机构有什么优缺点？

2. 什么是从动件的等速运动规律？这种凸轮机构有什么特点？

3. 什么是从动件的等加速等减速运动规律？这种凸轮机构有什么特点？

六、综合题

通过到实习现场参观或网络查询，了解凸轮机构的应用，并举例说明。

§2—3 间歇运动机构

一、选择题（将正确答案的序号填写在括号内）

1. 自行车后轴上的飞轮实际上就是一个（　　）机构。
   A. 内啮合齿式棘轮　　B. 槽轮　　C. 外啮合齿式棘轮
2. 双动式棘轮机构有（　　）个驱动棘爪。
   A. 1　　B. 2　　C. 4
3. 可变向棘轮机构有（　　）个驱动棘爪。
   A. 1　　B. 2　　C. 4
4. 在双圆销外槽轮机构中，曲柄每旋转一周，槽轮运动（　　）次。
   A. 1　　B. 2　　C. 4
5. 在双圆销外槽轮机构中，当曲柄旋转一周时，槽轮转过（　　）。
   A. 90°　　B. 180°　　C. 45°

二、判断题（正确的在括号内打“√”，错误的在括号内打“×”）

1. 双动式棘轮机构的两个棘爪分别是驱动棘爪和止回棘爪。（　　）
2. 单动式棘轮机构的棘轮只能朝着一个方向转动。（　　）
3. 双动式棘轮机构可使棘轮朝着两个方向转动。（　　）
4. 在应用棘轮机构时，其机构中必须有止回棘爪。（　　）

5. 在槽轮机构中槽轮是主动件。（　　）

6. 棘轮机构可以实现间歇运动。（　　）

7. 槽轮机构可以方便地调节槽轮转角的大小。（　　）

8. 槽轮机构可以用于高速场合。（　　）

三、填空题（将正确答案填写在横线上）

1. 间歇运动机构的常见类型有________机构和________机构等。

2. 棘轮机构按照工作原理可分为________棘轮机构和________棘轮机构，按照结构特点可分为________式棘轮机构和________式棘轮机构。

3. 双动式棘轮机构有两个驱动棘爪，当主动件做往复摆动时，两个棘爪交替带动棘轮朝着________做________运动。

4. 槽轮机构主要由________、________、________和机架组成。

5. 槽轮机构主要有________槽轮机构、________槽轮机构和________槽轮机构等。

6. 内啮合槽轮机构的槽轮与主动拨盘的转向________。

7. ________棘轮机构可以方便地实现两个方向的间歇运动。

四、名词解释

间歇运动机构

五、问答题

1. 结合图 2—14 简述内啮合齿式棘轮机构的工作原理。

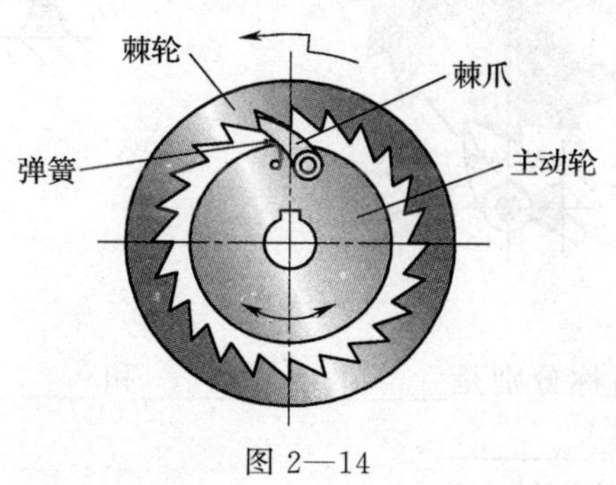

图 2—14

2. 结合图 2—15 简述槽轮机构的工作原理。

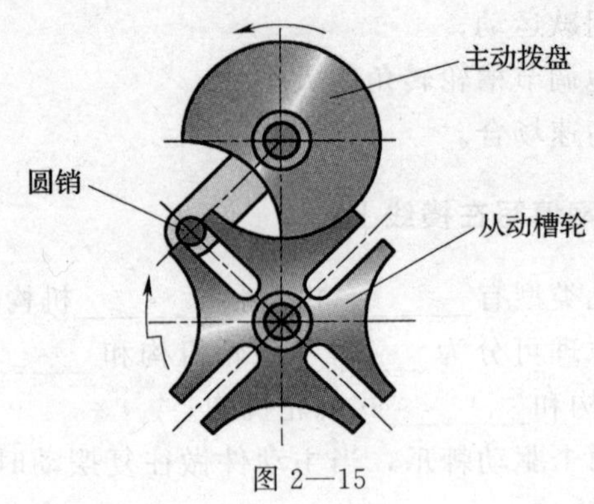

图 2—15

六、综合题

1. 分析如图 2—16 所示的棘轮机构，完成下列各题。

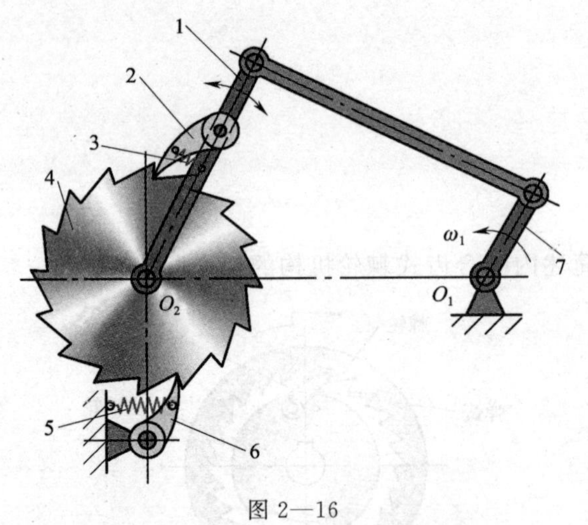

图 2—16

（1）图中构件 2、6 的名称分别是________和________，其作用分别为________和________。

（2）在图中标出构件 4 的运转方向。

2. 通过到实习现场参观或网络查询，了解棘轮机构和槽轮机构的应用，并举例说明。

§2—4　变速与换向机构

一、选择题（将正确答案的序号填写在括号内）

1. （　　）变速机构在机床主轴变速箱中得到广泛应用。
   A. 滑移齿轮　　B. 塔轮　　C. 离合式齿轮
2. 用于车床车削螺纹时的丝杠变速机构是（　　）变速机构。
   A. 离合式齿轮　　B. 挂轮　　C. 滑移齿轮
3. （　　）变速机构变速麻烦，调整齿轮费时、费力。
   A. 滑移齿轮　　B. 离合式齿轮　　C. 挂轮
4. 卧式车床进给系统采用的是（　　）换向机构。
   A. 三星轮　　B. 离合器锥齿轮　　C. 滑移齿轮
5. 三星轮换向机构利用（　　）来实现从动轴回转方向的改变。
   A. 挂轮　　B. 滑移齿轮　　C. 惰轮

二、判断题（正确的在括号内打“√”，错误的在括号内打“×”）

1. 滑移齿轮变速机构变速可靠，但传动比不准确。（　　）
2. 无级变速机构有准确的传动比。（　　）
3. 无级变速机构能使输出轴的转速在一定范围内进行无级变化。（　　）
4. 无级变速机构和有级变速机构都具有变速可靠、传动平稳的特点。（　　）
5. 变速机构就是通过改变主动件转速，从而改变从动件转速的机构。（　　）
6. 滚子平盘式无级变速机构依靠主、从动齿轮的啮合传递动力。（　　）
7. 分离锥轮式无级变速机构工作时如同V带传动。（　　）
8. 滑移锥齿轮套换向机构是通过滑移离合器来实现输出轴转向的。（　　）

三、填空题（将正确答案填写在横线上）

1. 变速机构分为________机构和________机构。
2. 有级变速机构是在________不变的条件下，使输出轴获得一定的________。
3. 有级变速机构常用的类型有________变速机构、________变速机构、________变速机构和________变速机构。
4. 有级变速机构可以实现在一定转速范围内的________变速，具有变速________、传动比________和结构紧凑等优点。
5. 滚子平盘式无级变速机构是依靠接触处产生的________来传递转矩的。
6. 机械式无级变速机构常用的类型有________无级变速机构和________无级变速机构。
7. 离合锥齿轮换向机构有________锥齿轮换向机构和滑移________换向机构两种形式。
8. 换向机构常见的类型有________换向机构和________换向机构等。
9. 有些机械为了适应工作条件的变化，需要连续地改变其工作速度，这就需要________

变速机构。

四、名词解释

1. 变速机构

2. 换向机构

3. 有级变速机构

五、问答题

1. 滑移齿轮变速机构有什么特点？

2. 挂轮变速机构有什么优缺点？

3. 无级变速机构有什么优缺点？

六、综合题

在生产实习时，观察车床、铣床等设备，并分析其采用了哪种变速机构。

第3章 常用连接与零部件

§3—1 螺纹连接

一、选择题（将正确答案的序号填写在括号内）

1. 图 3—1 表示的是（　　）。

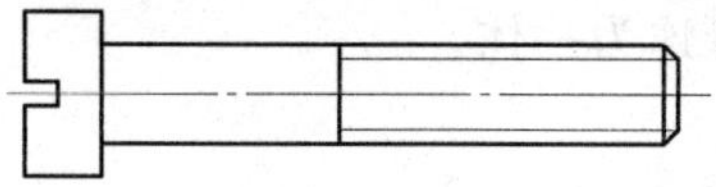

图 3—1

A. 螺栓　　B. 双头螺柱　　C. 开槽圆柱头螺钉

2. 图 3—2 表示的是（　　）。

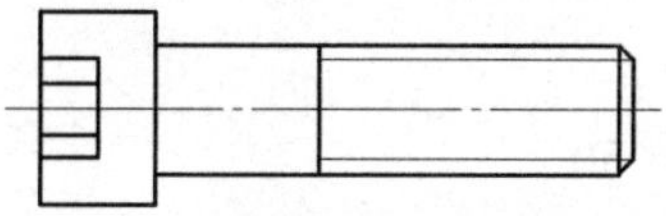

图 3—2

A. 内六角圆柱头螺栓　　B. 内六角圆柱头螺钉　　C. 十字槽沉头螺钉

3. 图 3—3 表示的是（　　）。

A. 六角螺母　　B. 六角厚螺母

C. 六角开槽螺母

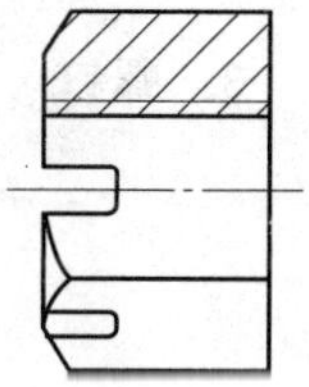

图 3—3

4. “垫圈 GB/T 95　10”中“10”的含义是（　　）。

A. 垫圈的外径　　B. 垫圈的内径

C. 与其配套螺母的螺纹大径

5. 两被连接件上均为通孔且有足够装配空间的场合应采用（　　）。

A. 螺栓连接　　B. 螺柱连接　　C. 螺钉连接

6. 下列选项中属于机械防松的是（　　）。

A. 开口销防松　　B. 双螺母防松　　C. 弹簧垫圈防松

7. 下列选项中属于破坏螺纹防松的是（　　）。

A. 止动垫圈防松　　B. 串联钢丝防松　　C. 冲点防松

二、判断题（正确的在括号内打“√”，错误的在括号内打“×”）

1. 螺纹连接的连接件大部分都已经标准化。（　　）
2. 螺栓连接用于被连接件之一较厚且不必经常拆卸的场合。（　　）
3. 螺钉连接用于固定两被连接件的相互位置，并可传递不大的力或转矩。（　　）

4. 止动垫圈防松属于摩擦防松。 （　）

5. 螺纹连接一般采用牙型为三角形的单线普通螺纹，具有自锁性能，在静载荷下螺纹连接不会自行松开。 （　）

三、填空题（将正确答案填写在横线上）

1. 常用的螺纹连接件有________、________、________、________、垫圈和防松零件等。

2. 常见的螺纹连接有________连接、________连接、________连接和________连接四种类型。

3. ________连接用于受结构限制或被连接件之一为不通孔并需经常拆卸的场合。

4. 螺纹连接常用的防松方法有________防松、________防松和________防松三种。

5. 破坏螺纹防松是指将螺栓和螺母上的螺纹通过________、________、________或用黏结剂粘接等方法使螺栓和螺母连为一体。

四、名词解释

1. 螺栓　GB/T 5780　M12×50

2. 螺柱　GB/T 899　M12×50

3. 螺钉　GB/T 819.1　M6×20

五、问答题

1. 弹簧垫圈是如何起防松作用的？这种防松方法有什么特点？主要用于什么场合？

2. 开口销是如何在螺栓连接中起防松作用的？这种防松方法有什么特点？主要用于什么场合？

六、综合题

举例说明螺栓连接、双头螺柱连接、螺钉连接、紧定螺钉连接在生活和生产中的应用。

§3—2　键、销及其连接

一、选择题（将正确答案的序号填写在括号内）

1. 在键连接中，（　　）的工作面是两个侧面。
   A. 普通型平键　　B. 半圆键　　C. 楔键
2. 图 3—4 所示的普通型平键为（　　）。

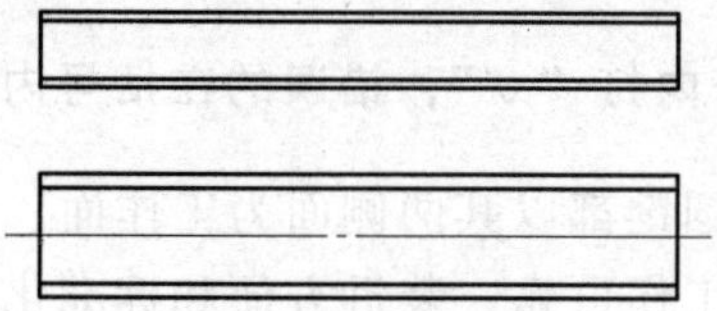

图 3—4

   A. A 型　　B. B 型　　C. C 型
3. 导向型平键中间螺孔的作用是（　　）。
   A. 连接　　B. 定位　　C. 起键
4. （　　）普通型平键多用在轴的端部。
   A. A 型　　B. B 型　　C. C 型
5. 根据（　　）的不同，平键可分为 A 型、B 型、C 型三种。
   A. 截面形状　　B. 尺寸大小　　C. 端部形状
6. 在普通型平键的三种形式中，（　　）平键在键槽中不会发生轴向移动，所以应用最广。
   A. 圆头　　B. 平头　　C. 单圆头
7. 楔键的上表面和轮毂槽都有（　　）的斜度。
   A. 1∶50　　B. 1∶100　　C. 1∶200
8. 键连接主要用于传递（　　）的场合。
   A. 拉力　　B. 轴向力　　C. 转矩
9. 在键连接中，轴与孔的对中性不好的是（　　）。
   A. 楔键　　B. 半圆键　　C. 普通型平键
10. 轮毂在轴上移动距离受键长限制的是（　　）。

A. 导向型平键　　B. 滑键　　C. 花键

11. (　　) 用于经常滑动的连接。

A. 花键　　B. 半圆键　　C. 普通型平键

12. 在键连接中，楔键 (　　) 轴向力。

A. 只能承受单方向　　B. 能承受双向　　C. 不能承受

13. 导向型平键连接的键与轮毂槽采用 (　　) 配合。

A. 间隙　　B. 过盈　　C. 过渡

14. 下列选项中关于圆柱销说法正确的是 (　　)。

A. 只能用于定位　　B. 只能用于连接　　C. 可以用于定位和连接

15. 在圆锥销上，圆锥面的锥度为 (　　)。

A. 50∶1　　B. 1∶50　　C. 1∶100

16. (　　) 用于有冲击、振动的场合。

A. 开尾圆锥销　　B. 内螺纹圆锥销　　C. 内螺纹圆柱销

17. 可用于盲孔定位的是 (　　)。

A. 圆柱销　　B. 圆锥销　　C. 螺尾锥销

18. 下列连接中属于不可拆连接的是 (　　)。

A. 焊接　　B. 销连接　　C. 楔键连接

二、判断题 (正确的在括号内打“√”，错误的在括号内打“×”)

1. 普通型平键、楔键、半圆键都以其两侧面为工作面。　(　　)
2. 键连接具有结构简单、工作可靠、装拆方便和标准化等特点。　(　　)
3. 键连接属于不可拆连接。　(　　)
4. 不会产生轴向移动，应用最为广泛的普通型平键是 A 型键。　(　　)
5. 导向型平键两端的阶梯孔用于安装固定螺钉。　(　　)
6. 滑键固定在轮毂上，轮毂带动滑键在轴上的键槽中做轴向滑移。　(　　)
7. 半圆键对中性较好，常用于轴端为锥形表面的连接中。　(　　)
8. 在平键连接中，键的上表面与轮毂上的键槽底面应紧密接触。　(　　)
9. 滑键的移动距离受滑键长度限制。　(　　)
10. 花键多齿承载，承载能力高且齿浅，对轴的强度削弱小。　(　　)
11. 导向型平键常用于轴上零件移动量不大的场合。　(　　)
12. 导向型平键就是普通型平键。　(　　)
13. 销可用来传递动力或转矩。　(　　)
14. 销的材料常用 35 钢或 45 钢。　(　　)
15. 圆锥销不能用于经常拆卸的场合。　(　　)
16. 对销孔的精度要求较高，一般需要铰制。　(　　)
17. 圆柱销的定位精度比圆锥销高。　(　　)

三、填空题 (将正确答案填写在横线上)

1. 键连接主要用来实现轴与轴上零件之间的________，并传递________和________。

2. 根据用途不同，平键连接可分为________、________和________等。

3. 为防止导向型平键连接的松动，通常将导向型平键用________固定在轴上的键槽中。为便于拆卸，键上设有________。

4. 平键连接的特点是依靠平键的两侧面传递________，因此键的________是工作面，平键连接的对中性________。

5. 滑键的________为工作面，靠________传递动力。

6. 半圆键连接的缺点是键槽对轴的强度________，只适用于________连接。

7. 在平键连接中，当轮毂需要在轴上沿轴向移动时可采用________连接和________连接。

8. 半圆键工作面是键的________，半圆键可在轴上的键槽中________，以适应轮毂上键槽斜度。

9. 花键连接多用于________和要求________的场合，尤其适用于经常________的连接。

10. 销连接主要用于________，也可用于轴与毂的连接。

11. 销的基本类型有________和________两种，它们均有________和________两种形式。

四、问答题

1. 花键连接有什么特点？

2. 用于轴和轴上零件沿轴向不能有相对移动的键连接有哪些？

3. 当被连接的齿轮等零件的轮毂需要在轴上沿轴向移动时，可采用什么键连接？

五、综合题

通过到实习现场参观或网络查询，了解键和销的应用，并举例说明。

§3—3 轴　承

一、选择题（将正确答案的序号填写在括号内）

1. 滚动轴承内圈通常装在轴颈上，与轴（　　）转动。

A. 一起　　B. 相对　　C. 反向

2. 能同时承受较大的径向载荷和轴向载荷，通常成对使用、对称布置安装的是（　　）。

A. 深沟球轴承　　B. 圆锥滚子轴承　　C. 推力球轴承

3. 主要承受径向载荷，同时可承受少量双向轴向载荷，外圈内滚道为球面，且能自动调心的是（　　）。

A. 角接触球轴承　　B. 调心球轴承　　C. 深沟球轴承

4. 主要承受径向载荷，也可同时承受少量双向轴向载荷的是（　　）。

A. 推力球轴承　　B. 圆柱滚子轴承　　C. 深沟球轴承

5. 只能承受单向轴向载荷的是（　　）。

A. 圆锥滚子轴承　　B. 单向推力球轴承　　C. 圆柱滚子轴承

6. 圆柱滚子轴承与深沟球轴承相比，其承载能力（　　）。

A. 大　　B. 小　　C. 相同

7. 弯曲刚度低的轴应选用（　　）。

A. 调心球轴承　　B. 圆锥滚子轴承　　C. 深沟球轴承

8. 工作中若滚动轴承只承受轴向载荷，应选用（　　）。

A. 圆柱滚子轴承　　B. 圆锥滚子轴承　　C. 推力球轴承

9. 斜齿轮传动中，轴的支承一般选用（　　）。

A. 圆柱滚子轴承　　B. 圆锥滚子轴承　　C. 深沟球轴承

10. 针对以下应用要求，找出相应的轴承类型：

(1) 主要承受径向载荷，也可承受一定轴向载荷的是（　　）。

(2) 只能承受单向轴向载荷的是（　　）。

(3) 可同时承受径向载荷和单向轴向载荷的是（　　）。

A. 深沟球轴承　　B. 推力球轴承　　C. 圆锥滚子轴承

11. 滑动轴承与滚动轴承相比，其承载能力（　　）。

A. 大　　B. 小　　C. 相同

12. 整体式径向滑动轴承的优点是（　　）。

A. 装拆方便　　B. 结构简单　　C. 径向间隙可以调整

13. 适用于大型、重载、高速、精密和自动化机械设备的润滑方式为（　　）。

A. 压配式油杯润滑　　B. 油环润滑　　C. 压力润滑

14. 轴旋转时带动油环转动，把油箱中的油带到轴颈上进行润滑的方法称为（　　）。

A. 滴油润滑　　B. 油环润滑　　C. 压力润滑

二、判断题（正确的在括号内打“√”，错误的在括号内打“×”）

1. 轴承性能的好坏对机器的性能没有影响。（ ）
2. 深沟球轴承能同时承受径向和轴向载荷。（ ）
3. 双向推力球轴承能同时承受径向和轴向载荷。（ ）
4. 角接触球轴承能承受径向和双向轴向载荷。（ ）
5. 滑动轴承的抗冲击能力强，能获得很高的旋转精度。（ ）
6. 滑动轴承适用于低速、重载或转速特别高的场合。（ ）
7. 滑动轴承整体式轴瓦上没有油沟。（ ）
8. 常用滑动轴承的轴瓦材料有 45 钢、铝合金等。（ ）

三、填空题（将正确答案填写在横线上）

1. 轴承的功用是支承________的轴及轴上零件。
2. 按照摩擦性质不同，轴承可分为________和________两大类。
3. 滚动轴承的基本结构是由________、________、________和________四部分组成。
4. 保持架的作用是分隔开两个相邻的__________，以减少滚动体之间的__________和________。
5. 通常滚动轴承的________随着轴颈旋转而________固定在机体上。
6. 滚动轴承可分为________轴承和________轴承。
7. 向心轴承可分为________接触轴承和________接触轴承。
8. 滚动轴承的标记由________、________和________三部分组成。
9. 为了防止润滑剂中脂或油的泄漏和外界有害物质侵入轴承内，滚动轴承必须________。
10. 滚动轴承常用的密封方法有________密封和________密封。
11. 整体式径向滑动轴承多用于________、________或________工作的机器中。
12. 滑动轴承润滑的目的是减少工作表面间的________和________，同时还起________、散热、________及________等作用。
13. 滑动轴承中轴瓦的材料要有良好的________性、________性和抗胶合性，以及足够的强度、易跑合、易加工等性能。
14. 滑动轴承的润滑方式主要有________和________两种。
15. 滑动轴承常用的轴瓦材料有______、______、铸铁及非金属材料和________材料等。

四、名词解释

1. 滚动轴承

2. 滑动轴承

五、问答题

1. 简述滚动轴承的结构及工作原理。

2. 与滚动轴承相比，滑动轴承主要有哪些优点？滑动轴承主要用于哪些场合？

六、综合题

1. 写出图 3—5 中各滚动轴承的名称。

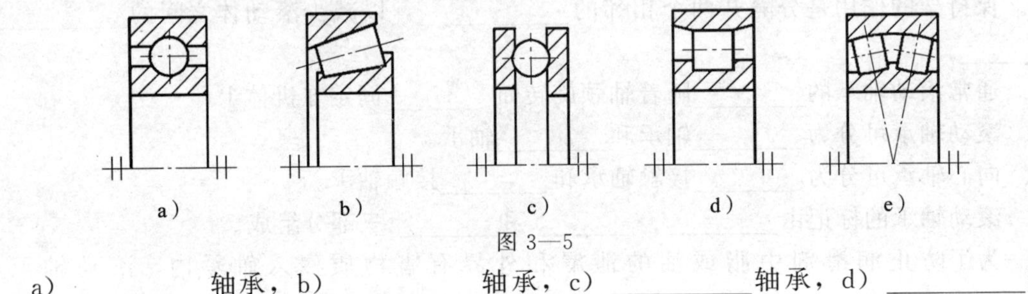

图 3—5

a）__________轴承，b）__________轴承，c）__________轴承，d）__________轴承，e）__________轴承。

2. 识读图 3—6，回答下列问题。

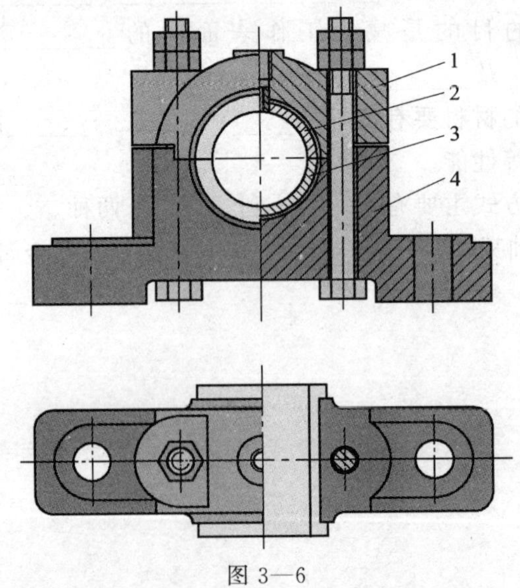

图 3—6

（1）该滑动轴承是________滑动轴承。

（2）写出图中引出标注的零件名称：

1—________，2—________，3—________，4—________。

（3）分析图3—6所示滑动轴承的结构。

（4）如何调整图3—6所示滑动轴承的径向间隙？

§3—4 轴

一、选择题（将正确答案的序号填写在括号内）

1. 在轴上支承传动零件的部分称为（　　）。

A. 轴颈　　B. 轴头　　C. 轴身

2. 用于轴端零件的轴向固定方法是（　　）固定。

A. 圆螺母　　B. 套筒　　C. 轴肩与轴环

3. 具有结构简单、定位可靠、能承受较大的轴向力等特点，广泛应用于各种轴上零件轴向固定的是（　　）。

A. 紧定螺钉　　B. 轴肩与轴环　　C. 紧定螺钉与挡圈

4. 常用于轴上零件间距离较短的场合，但轴的转速要求很高时不宜采用的轴向固定方法是（　　）固定。

A. 轴肩与轴环　　B. 轴端挡板　　C. 套筒

5. 具有接触面积大、承载能力强、对中性和导向性都好的周向固定方法是（　　）固定。

A. 紧定螺钉　　B. 花键连接　　C. 平键连接

6. 具有加工容易、装拆方便等特点的周向固定方法是（　　）固定。

A. 平键连接　　B. 过盈配合连接　　C. 花键连接

7. 同时具有周向和轴向固定作用，但不宜用于重载和经常装拆场合的周向固定方法是（　　）固定。

A. 过盈配合连接　　B. 花键连接　　C. 销连接

8. 对轴上零件起周向固定的是（　　）。

A. 轴肩与轴环　　B. 平键连接　　C. 套筒和圆螺母

9. 轴上零件最常用的周向固定方法是（　　）固定。

A. 套筒　　　　　　　　B. 平键连接　　　　　　　　C. 轴肩与轴环

10. 在台阶轴中部装有一个齿轮，工作中承受较大的双向轴向力，对该齿轮应当采用（　　）固定方法进行轴向固定。

A. 紧定螺钉　　　　　　B. 轴肩和轴端挡板　　　　　C. 轴肩和圆螺母

二、判断题（正确的在括号内打“√”，错误的在括号内打“×”）

1. 轴头是轴两端头部的简称。（　　）
2. 轴径变化处形成的环形面称为轴环。（　　）
3. 轴身是连接轴颈和轴头的部位。（　　）
4. 圆螺母常用于轴上零件距离较大处及轴端零件的固定。（　　）
5. 轴端挡板可用于轴上零件的轴向固定。（　　）
6. 紧定螺钉固定不能承受较大的载荷，主要起辅助连接作用。（　　）
7. 过盈配合连接的周向固定对中性好，可经常拆卸。（　　）

三、填空题（将正确答案填写在横线上）

1. 轴上零件的轴向固定方法主要有圆________、轴肩与________、套筒、________挡圈、________挡圈、________挡板、________与挡圈、________面等。

2. 轴上零件轴向固定的目的是保证零件在轴上有确定的________，防止零件做________，并能承受________。

3. 轴上零件周向固定的目的是保证轴能可靠地传递________和________，防止轴上零件与轴产生________。

4. 轴上零件的周向定位与固定的方法主要有__________、__________、__________、__________和__________等。

5. 在采用圆螺母做轴向固定时，轴上必须加工出________。

四、名词解释

1. 轴颈

2. 轴头

五、问答题

1. 用圆锥面进行轴向固定有什么特点？其适用于什么场合？

2. 紧定螺钉如何实现轴上零件的固定？紧定螺钉固定有什么特点？

六、综合题

到生产或实习车间去观察轴的结构和轴上零件的固定方式。

§3—5　联轴器、离合器和制动器

一、选择题（将正确答案的序号填写在括号内）

1. （　　）联轴器多用于双向运转、启动频繁、转速较高、转矩不大的场合。
   A. 齿式　　B. 弹性柱销　　C. 凸缘
2. 只适用于低速运转、轴的刚度较高、无剧烈冲击场合的是（　　）联轴器。
   A. 齿式　　B. 弹性套柱销　　C. 滑块
3. （　　）联轴器具有良好的位移补偿能力。
   A. 凸缘　　B. 套筒　　C. 齿式
4. （　　）联轴器适用于连接两轴刚度高、对中性好、安装精确且转速较低、载荷平衡的场合。
   A. 凸缘　　B. 滑块　　C. 弹性柱销
5. （　　）联轴器适用于两轴能严格对中、载荷不大且较为平稳的场合。
   A. 凸缘　　B. 套筒　　C. 齿式
6. （　　）离合器可以通过增加摩擦片的数量提高传递的转矩。
   A. 牙嵌　　B. 单圆盘摩擦式　　C. 多片摩擦式
7. 图 3—7 所示为（　　）联轴器。
   A. 滑块　　B. 弹性套柱销　　C. 弹性柱销
8. 图 3—8 所示为（　　）离合器。
   A. 单圆盘摩擦式　　B. 牙嵌　　C. 多片摩擦式

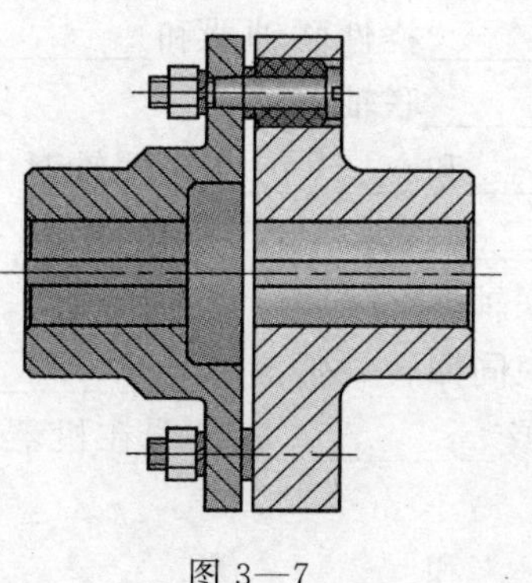

图 3—7

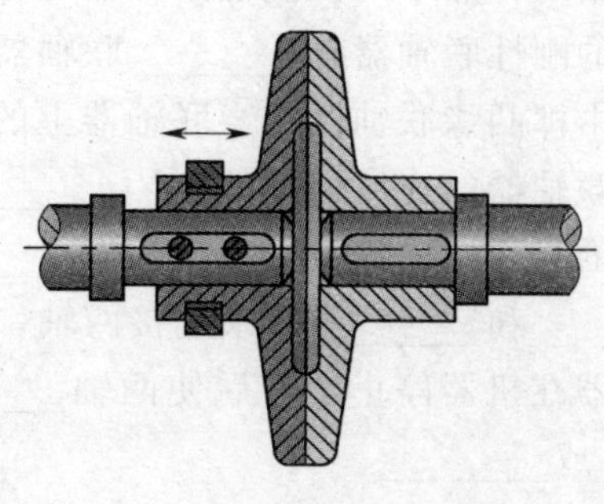

图 3—8

9.（　　）离合器结构简单、散热性好，但传递的转矩较小。

A. 单圆盘摩擦式　　B. 牙嵌　　C. 多片摩擦式

10.（　　）离合器多用于机床和汽车中。

A. 单圆盘摩擦式　　B. 牙嵌　　C. 多片摩擦式

11.（　　）离合器常用于低速和不需要在运转中进行接合的机械上。

A. 单圆盘摩擦式　　B. 牙嵌　　C. 多片摩擦式

12. 为了降低某些运动部件的转速或使其停止，就要利用（　　）。

A. 制动器　　B. 联轴器　　C. 离合器

13. 下列选项中关于带式制动器的叙述正确的是（　　）。

A. 不适用于频繁启动的场合

B. 制动时冲击大

C. 常用于中、小载荷的起重运输机械中

14. 工作时通过弹性套传递转矩的是（　　）联轴器。

A. 套筒　　B. 弹性柱销　　C. 弹性套柱销

二、判断题（正确的在括号内打“√”，错误的在括号内打“×”）

1. 联轴器都具有安全保护作用。（　　）
2. 齿式联轴器的缺点是结构较为复杂、笨重，造价高。（　　）
3. 凸缘联轴器具有位移补偿能力。（　　）
4. 套筒联轴器制造容易、结构紧凑，能传递较大的载荷。（　　）
5. 单圆盘摩擦式离合器结构简单、散热性好、传递的转矩较大。（　　）
6. 在连接和传动的功用上，联轴器和离合器是相同的。（　　）
7. 离合器能根据工作需要随时使主、从动轴接合或分离。（　　）
8. 带式制动器是常闭式制动器。（　　）
9. 外抱块式制动器不适用于制动力矩大和需要频繁启动的场合。（　　）
10. 滑块联轴器的中间滑块在两侧半联轴器轴向槽内滑动。（　　）
11. 齿式联轴器承载能力强，具有较大的位移补偿能力。（　　）

三、填空题（将正确答案填写在横线上）

1. 按照性能不同，联轴器可分为________联轴器和________联轴器两大类。
2. 按照结构特点不同，挠性联轴器可分为________挠性联轴器和________挠性联轴器。
3. 常用的刚性联轴器有________联轴器和________联轴器等。
4. 有对中榫凸缘联轴器靠半联轴器上的________和________实现两轴对中。
5. 套筒联轴器的连接件一般为________或________。
6. 常用的有弹性元件挠性联轴器有________联轴器和________联轴器等。
7. ________和________用来连接两轴，使之一同回转并传递________与________。
8. 联轴器在机器停止运转后使两轴________或________，离合器在机器运转过程中使两轴________或________。
9. 牙嵌离合器常用的牙型有________、________和________等。

10. 摩擦式离合器是利用主、从动半离合器摩擦片接触面间的________来传递转矩的。
11. 制动器一般有________制动器和________制动器等。
12. 带式制动器靠________与________间的摩擦力达到制动的目的。

四、名词解释

1. 联轴器

2. 离合器

3. 制动器

五、问答题

1. 联轴器和离合器在功用上有哪些异同点？

2. 简述滑块联轴器的工作原理。

3. 制动器有哪些作用？

六、综合题

1. 分析图 3—9 所示牙嵌离合器的结构及工作原理，回答下列问题。

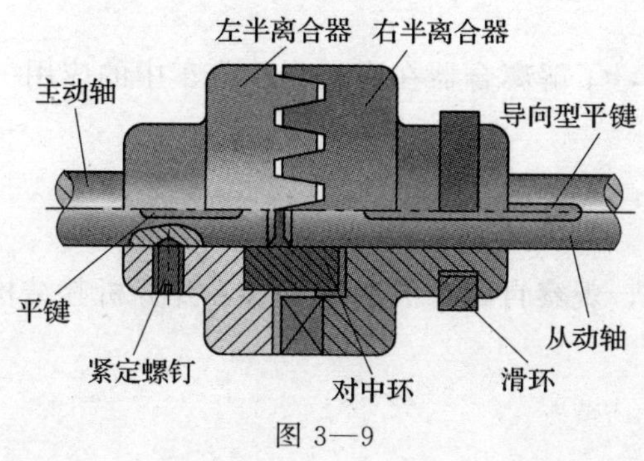

图 3—9

(1) 牙嵌离合器是由两个________的半离合器组成的。

(2) 左半离合器用________和________固定在主动轴上，右半离合器用________和从动轴构成可滑动的连接。

(3) 通过操纵机构可使右半离合器沿导向型平键轴向移动，以实现两半离合器的________和________。

(4) 为了保证两轴的对中，在主动轴上的左半离合器上装有一个________。

(5) 当离合器接合时，从动轴与对中环________；当离合器分离时，对中环继续旋转而从动轴________。

(6) 牙嵌离合器有什么特点？其适用于什么场合？

2. 分析图 3—10 所示外抱块式制动器的结构及工作原理，回答下列问题。

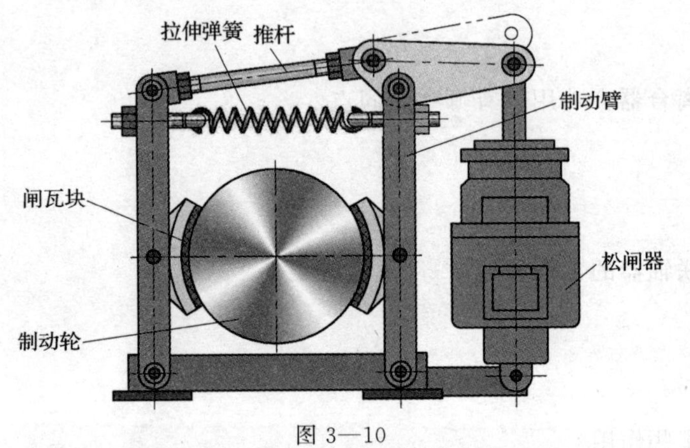

图 3—10

(1) ________通过制动臂使________压紧在制动轮上，使制动器处于________状态。

(2) 当________通入电流时，利用电磁作用把顶柱顶起，通过________带动制动臂________，使________与________松脱。

(3) 这种外抱块式制动器有什么特点？其适用于什么场合？

3. 联系本节所学知识，了解离合器在摩托车和汽车中的应用。

4. 联系本节所学知识，观察自行车的制动装置，并分析其结构特征。

第4章　液压传动与气压传动

§4—1　液 压 传 动

一、选择题（将正确答案的序号填写在括号内）

1. 在液压传动系统中，液压缸属于（　　），液压泵属于（　　）。
   A. 动力部分　　B. 执行部分　　C. 控制部分
2. 下列液压元件中，（　　）属于控制部分，（　　）属于辅助部分。
   A. 油箱　　B. 液压马达　　C. 单向阀
3. （　　）是用来控制油液流动方向的。
   A. 单向阀　　B. 过滤器　　C. 液压泵
4. 在液压传动系统中，将输入的液压能转换为机械能的元件是（　　）。
   A. 单向阀　　B. 液压缸　　C. 液压泵
5. 在液压传动系统中，液压泵是将电动机的（　　）转换为油液的（　　）。
   A. 机械能　　B. 电能　　C. 压力能
6. 在液压千斤顶中，（　　）属于液压传动系统的控制部分。
   A. 截止阀　　B. 手动柱塞泵　　C. 油箱
7. 图4—1所示的图形符号表示（　　）。
   A. 双向变量泵　　B. 单向定量泵　　C. 双向定量泵
8. 液压泵能进行吸油、压油的根本原因在于其（　　）的变化。
   A. 工作压力　　B. 电动机转速　　C. 密封容积
9. 图4—2所示的图形符号表示（　　）。
   A. 双向定量泵　　B. 单向定量泵　　C. 单向变量泵

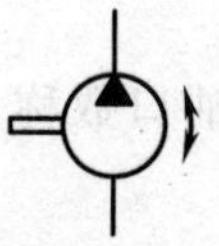

图4—1 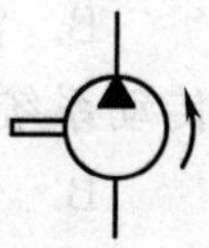　　图4—2

10. 单作用式叶片泵的叶片旋转一周时，完成（　　）吸油和（　　）排油。
    A. 一次；两次　　B. 两次；一次　　C. 一次；一次
11. 图4—3所示为（　　）液压缸的图形符号。
    A. 单作用单杆　　B. 伸缩　　C. 双作用双杆

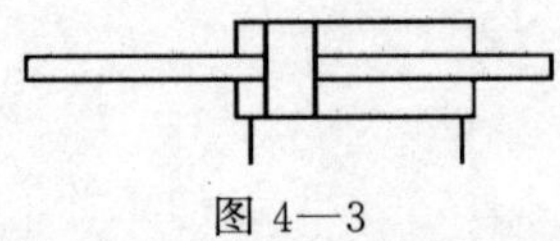

图 4—3

12. 双作用单杆液压缸工作时，活塞杆伸出时活塞获得的推力（　　），活塞杆退回时活塞获得的推力（　　）。

A. 时大时小　　B. 大　　C. 小

13. 双作用单杆液压缸工作时，活塞杆伸出时运动速度（　　），活塞杆退回时运动速度（　　）。

A. 时快时慢　　B. 快　　C. 慢

14. 可作差动连接的是（　　）液压缸。

A. 双作用双杆　　B. 双作用单杆　　C. 单作用单杆

15. 图 4—4 所示为（　　）液压缸的图形符号。

A. 双作用单杆　　B. 单作用单杆　　C. 单作用双杆

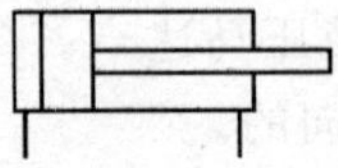

图 4—4

16. （　　）属于方向控制阀。

A. 换向阀　　B. 溢流阀　　C. 顺序阀

17. 溢流阀属于（　　）控制阀。

A. 方向　　B. 压力　　C. 流量

18. 三位四通电磁换向阀的电磁铁断电时，阀芯处于（　　）位置。

A. 左端　　B. 右端　　C. 中间

19. 三位四通换向阀处于中间位置时，能使单活塞杆液压缸实现差动连接的中位机能是（　　）。

A. H 型　　B. Y 型　　C. P 型

20. 三位四通换向阀处于中间位置时，能使液压泵卸荷的中位机能是（　　）。

A. O 型　　B. M 型　　C. Y 型

21. 图 4—5 所示为单向阀的图形符号，压力油从油口 P_1（　　）、从油口 P_2（　　）。

A. 流入　　B. 流出　　C. 停止

22. 在换向阀中，与液压传动系统油路相连通的油口数称为（　　）。

A. 通　　B. 位　　C. 路

23. 图 4—6 所示为（　　）换向阀的图形符号。

A. 二位四通手动　　B. 二位三通电磁　　C. 二位二通机动

P_1　P_2

图 4—5 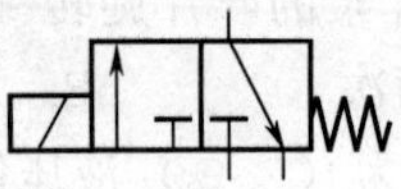　　图 4—6

24. 在（　　）液压传动系统中常采用直动式溢流阀。

A. 低压、小流量　　B. 高压、大流量　　C. 低压、大流量

25. 当液压传动系统中某一分支油路压力需要低于主油路压力时，需在分支油路上安装（　　）。

A. 溢流阀　　B. 顺序阀　　C. 减压阀

26. 在液压传动系统中，（　　）的出油口与油箱相连。

A. 溢流阀　　B. 顺序阀　　C. 减压阀

27. 图 4—7 所示为直动式（　　）的图形符号。

A. 溢流阀　　B. 顺序阀　　C. 减压阀

28. 图 4—8 所示为（　　）的图形符号。

A. 直动式溢流阀　　B. 先导式溢流阀　　C. 直动式减压阀

29. 调速阀是由（　　）与（　　）串联组合而成的阀。

A. 减压阀　　B. 溢流阀　　C. 节流阀

30. 用（　　）进行调速时，可消除负载变化对流量的影响。

A. 单向阀　　B. 节流阀　　C. 调速阀

31. 图 4—9 所示为（　　）的图形符号。

A. 节流阀　　B. 调速阀　　C. 单向阀

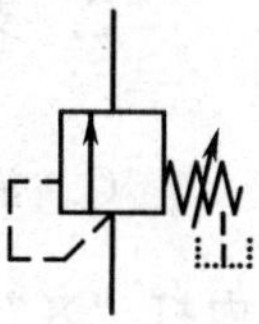

图 4—7 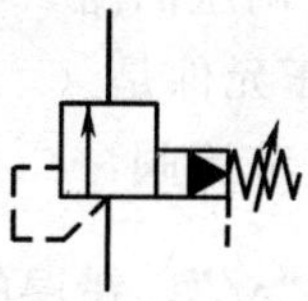　　图 4—8 　　图 4—9

32. 流量控制阀通过控制液压传动系统的流量，达到控制执行元件（　　）的目的。

A. 运动速度　　B. 运动方向　　C. 压力大小

33. 蓄能器是一种（　　）的液压元件。

A. 储存液压油　　B. 过滤液压油　　C. 储存压力油

34. 精密机床中的液压传动系统多采用（　　）。

A. 床身或底座作油箱　　B. 独立油箱　　C. 合用油箱

35. （　　）对油液进行过滤。

A. 单向阀　　B. 油箱　　C. 过滤器

36. （　　）不是油箱的作用。

A. 散热　　B. 分离油中杂质　　C. 储存压力油

37. 图 4—10 所示为（　　）的图形符号。

A. 蓄能器　　B. 油箱　　C. 过滤器

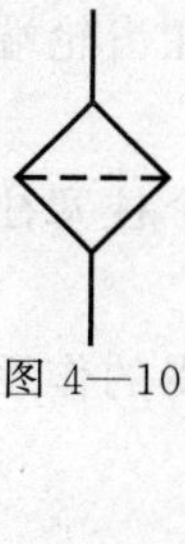

图 4—10

38. 图 4—11 所示为（　　）的图形符号。

A. 蓄能器　　　　　　B. 节流阀　　　　　　C. 过滤器

39. 为了使执行元件能在任意位置上停留，以及在停止工作时防止其在受力的情况下发生移动，可以采用（　　）。

A. 调压回路　　　　　B. 换向回路　　　　　C. 锁紧回路

40. 调压回路采用的主要液压元件是（　　）。

A. 减压阀　　　　　　B. 节流阀　　　　　　C. 溢流阀

图 4—11

41. 以下属于方向控制回路的是（　　）。

A. 锁紧回路　　　　　B. 换向回路　　　　　C. 调速回路

42. 利用压力控制阀来调节系统或系统某一部分压力的回路称为（　　）。

A. 压力控制回路　　　B. 速度控制回路　　　C. 换向回路

43. 速度控制回路一般通过改变进入执行元件的（　　）来实现控制。

A. 压力　　　　　　　B. 流量　　　　　　　C. 功率

44. 减压回路采用的主要液压元件是（　　）。

A. 节流阀　　　　　　B. 单向阀　　　　　　C. 减压阀

45. 以下不属于压力控制回路的是（　　）。

A. 换向回路　　　　　B. 调压回路　　　　　C. 支路减压回路

46. 节流调速回路采用的主要液压元件是（　　）。

A. 顺序阀　　　　　　B. 节流阀　　　　　　C. 溢流阀

二、判断题（正确的在括号内打“√”，错误的在括号内打“×”）

1. 液压传动装置本质上是一种能量转换装置。（　　）
2. 液压元件已实现系列化、标准化、通用化。（　　）
3. 辅助部分在某些液压传动系统中可有可无。（　　）
4. 液压元件的制造精度一般要求较高。（　　）
5. 液压传动易于实现过载保护。（　　）
6. 液压元件动作灵敏，但元件使用寿命一般较短。（　　）
7. 在液压传动系统中，泄漏会引起能量损失。（　　）
8. 液压系统的压力是指液体在某截面上所受的总法向作用力。（　　）
9. 工程上将油液单位面积上承受的作用力称为压力。（　　）
10. 齿轮泵是依靠吸油室和压油室容积变化来实现吸油和压油的。（　　）
11. 单作用式叶片泵是定量泵。（　　）
12. 双作用式叶片泵的输出流量可以改变。（　　）
13. 轴向柱塞泵是双向变量泵。（　　）
14. 为了保证齿轮泵的泄漏量最小，在齿轮端面和泵盖之间、齿顶和泵体内表面间都不能有间隙。（　　）
15. 轴向柱塞泵的缸体每转一转，每个柱塞往复运动一次，完成吸油、压油各一次。（　　）
16. 双作用单杆液压缸两个方向所获得的作用力是不相等的。（　　）

17. 双作用单杆液压缸差动连接时，如果液压缸缸体固定，活塞一定向有杆腔的方向移动。 （　）

18. 单作用柱塞缸的返程不能靠自重实现。 （　）

19. 伸缩缸的返程必须依靠自重或外力。 （　）

20. 液压缸密封性能的好坏对其工作性能影响不大。 （　）

21. 密封圈密封是液压传动系统中应用最广泛的一种密封方法。 （　）

22. 短行程液压缸和低速液压缸一般不使用缓冲装置。 （　）

23. 液压控制阀是液压传动系统中不可缺少的重要元件。 （　）

24. 单向阀的作用是变换油液的流动方向。 （　）

25. 换向阀的工作位置数称为“通”。 （　）

26. 溢流阀通常接在液压泵出口处的油路上。 （　）

27. 直动式溢流阀的进口压力油直接作用于阀芯。 （　）

28. 减压阀中的减压缝隙越小，其减压作用就越弱。 （　）

29. 减压阀与溢流阀一样，出口油液压力等于零。 （　）

30. 直动式顺序阀的开启压力不能调节。 （　）

31. 直动式减压阀的泄油口接出油口。 （　）

32. 调速阀由减压阀和节流阀串联而成。 （　）

33. 节流阀通过改变节流口的通流面积来调节油液流量的大小。 （　）

34. 图 4—12 所示为节流阀的图形符号。 （　）

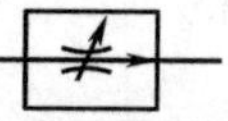

图 4—12

35. 在非工作状态下，减压阀常开，溢流阀常闭。 （　）

36. 在液压传动系统中，常用的油管有钢管、铜管等，不能用软管。 （　）

37. 在液压传动系统中，液压辅助元件是必不可少的。 （　）

38. 在机床的液压传动系统中，不可以利用床身或底座内的空间作油箱。 （　）

39. 换向回路、锁紧回路等都属于方向控制回路。 （　）

40. 先导式溢流阀可以用于调压回路。 （　）

41. 进口节流调速回路可以承受超越负载。 （　）

三、填空题（将正确答案填写在横线上）

1. 液压传动是以________作为工作介质，来传递________和进行________的传动方式。

2. 液压传动系统一般由________、________、________、________和________五部分组成。

3. 液压传动系统控制部分用来控制和调节油液的________、________和________。

4. 液压传动装置本质上是一种能量转换装置，它先将________转换为便于输送的________，随后又将________转换为________。

5. 在液压传动系统中，为了简化原理图的绘制，系统中各元件用________表示。

6. 液压泵是液压传动系统的____________元件，它是把电动机或其他原动机输出的

________转换成________的装置，其作用是向液压传动系统提供________。

7. 对齿轮泵来讲，当密封容积增大时，可以进行________；密封容积减小时，可以进行________。

8. 按照结构不同，液压泵可分为________、________、________等。

9. 按照输油方向能否改变，液压泵可分为________和________。

10. 按照输出流量能否调节，液压泵可分为________和________。

11. 按照额定压力的高低，液压泵可分为________、________和________等。

12. 按照工作方式不同，叶片泵可分为________叶片泵和________叶片泵两种。

13. 外啮合齿轮泵轮齿脱离啮合的一侧油腔是________腔，轮齿进入啮合的一侧油腔是________腔。

14. 液压缸是液压传动系统中的________，它能将________转换为直线运动形式的________。

15. 双作用单杆液压缸的结构特点是活塞的一端________，而另一端________，所以活塞两端的有效作用面积________。

16. 要求工作台往复运动速度和推力相等时，可采用________液压缸；要求工作台往复运动速度和推力不相等时，可采用________液压缸。

17. 单作用单杆液压缸工作时，活塞仅做________液压驱动，返回行程是利用________或其他外力将柱塞推回。

18. 液压缸的________装置是为了防止在行程终了时，________由于惯性的作用而与________发生撞击，从而导致液压缸损坏。

19. 密封圈密封既可用于固定件的________，也可用于运动件的________。

20. 液压系统的控制元件是为了控制与调节液流的________、________和________，以满足工作机械的各种要求。

21. 根据用途和工作特点的不同，控制阀可分为________控制阀、________控制阀和________控制阀三大类。

22. 常用的流量控制阀有________和________等。

23. 方向控制阀用来控制油液的________，按照用途可分为________和________。

24. 单向阀的作用是保证通过阀的液流只向________流动而不能________流动。

25. 换向阀通过改变阀芯和阀体间的________来变换油液流动的方向，________或________油路，从而控制________的换向、启动或停止。

26. 换向阀的控制方式有人力控制、________控制、________控制、________控制、液压先导控制和电液控制等。

27. 液控单向阀就是把单向阀做成________能够控制的结构。

28. 压力控制阀用来控制液压传动系统中的________，或利用系统中压力的________来控制其他液压元件的动作。

29. 按照用途不同，压力阀可分为________、________和________等。

30. 压力阀是利用作用于阀芯上的________力与________力相平衡的原理进行工作的。

31. 溢流阀在液压传动系统中的作用主要有两个，一是起溢流________及________作用，可保持液压传动系统的压力恒定；二是起________保护作用，防止液压传动系统过载。

32. 根据结构和工作原理的不同，溢流阀可分为________溢流阀和________溢流阀两种。

33. 减压阀在液压传动系统中的主要作用是：________系统某一支路的油液压力，使同一系统有两个或多个不同________。

34. 减压阀的减压原理是利用压力油通过________降压，使________压力低于________压力，并保持出口压力为________。

35. 根据结构和工作原理的不同，减压阀可分为________减压阀和________减压阀两种。

36. 顺序阀在液压传动系统中的作用主要是利用液压传动系统中的________来控制油路的________，从而使某些液压元件按一定的________动作。

37. 根据结构和工作原理的不同，顺序阀可分为________顺序阀和________顺序阀两种。

38. 流量控制阀在液压传动系统中的作用是控制液压传动系统中液体的________。

39. 流量阀是通过改变节流口__________来调节通过阀口的流量，从而控制执行元件________的控制阀。常用的流量阀有________和________等。

40. 常用的液压辅助元件有________、________、________、________和________等。

41. 常用的过滤器有________过滤器、________过滤器、________过滤器和________过滤器等。

42. 蓄能器主要储存________。

43. 油箱除了用来储油以外，还起到________及分离油中________和________的作用。

44. 液压传动系统中常用的油管有__________、__________、__________、__________和________等。

45. 液压基本回路是指由某些________和附件所构成的能完成某种________的回路。

46. 按照功能不同，液压基本回路可分为________控制回路、________控制回路、________控制回路和________控制回路四大类。

47. 压力控制回路可以实现________、________、________和________等功能。

48. 速度控制回路一般可分为________回路和________回路两类。

49. 在液压基本回路中，将节流阀串联在液压泵与液压缸之间，构成________节流调速回路。

四、名词解释

1. 压力

2. 流量

3. 液压泵

4. 液压执行元件

5. 方向控制回路

6. 压力控制回路

7. 速度控制回路

五、问答题

1. 液压传动有什么缺点?

2. 结合图 4—13 分析齿轮泵的工作原理。

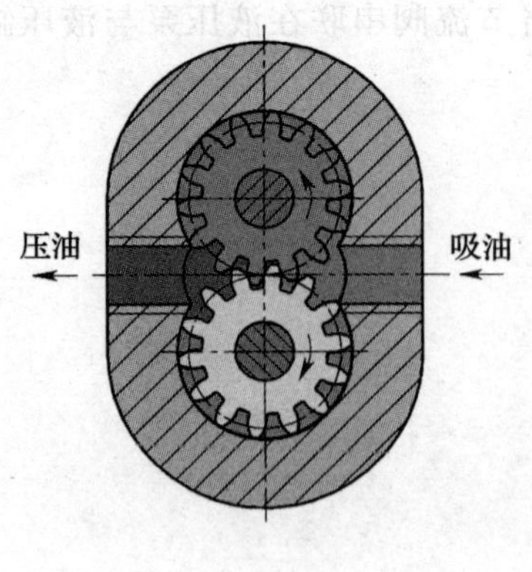

图 4—13

3. 溢流阀有什么用途？

4. 简述减压阀的减压原理。

5. 简述节流阀的工作原理。

六、综合题

1. 如图 4—14 所示，分析液控单向阀的工作原理，回答下列问题。

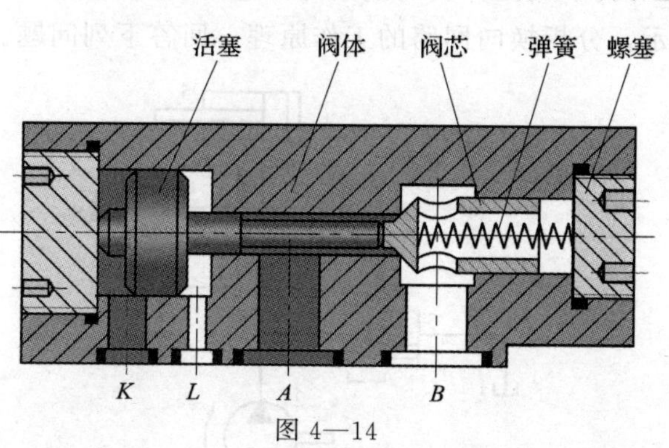

图 4—14

(1) 当控制油口 K 未通控制压力油时，主通道中的油液只能从________流入，顶开阀芯从________流出，相反方向则________。

(2) 当控制油口 K 接通控制压力油时，推动活塞________移动，借助于活塞右端悬伸的顶杆将________顶开，使________和________接通，油液可以沿两个方向自由流动。

(3) 由控制油口 K 漏出的油液经________流回油箱。

2. 如图 4—15 所示，分析直动式溢流阀的工作原理，回答下列问题：

(1) 当________压力 p 小于溢流阀的调定压力 p_k 时，由于阀芯受________作用而使阀口关闭，油液不能________。

(2) 当进油口压力 p ________溢流阀的调定压力 p_k 时，阀芯所受的液压力与________相平衡，此时阀口即将打开。

(3) 当进油口压力 p ________溢流阀的调定压力 p_k 时，液压力将________向上推起，压力油进入阀口后经________流回油箱，使进口处的压力________。

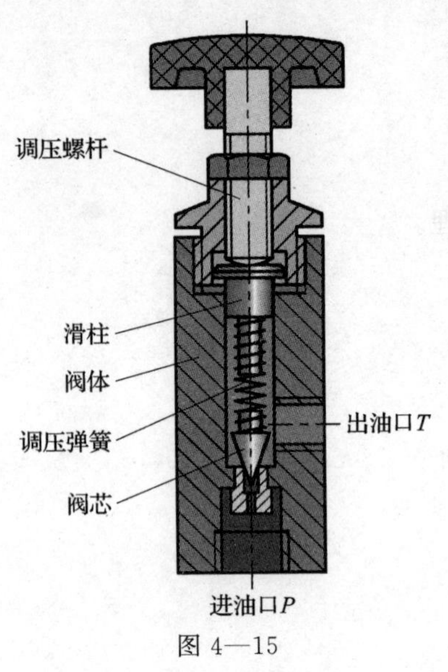

图 4—15

（4）溢流阀工作时，阀芯随着系统压力的变化而___________，以此维持系统压力_______，并对系统起_______作用。

（5）旋动_______可调节调压弹簧的预紧力，进而改变溢流阀的_______。

3. 如图 4—16 所示，分析换向回路的工作原理，回答下列问题。

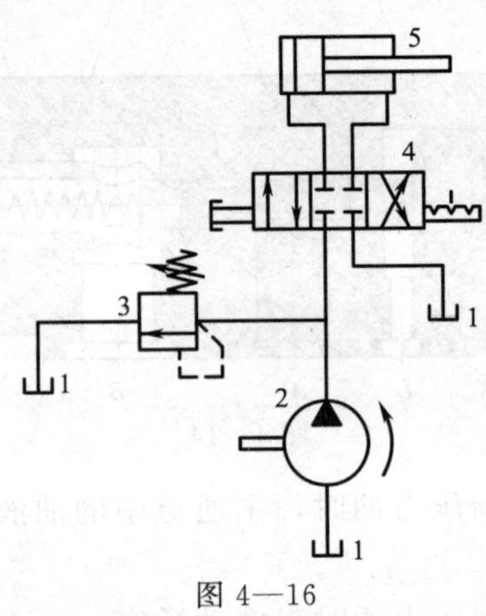

图 4—16

（1）图中换向回路中所用的液压元件是：1—__________，2—__________，3—__________，4—__________，5—__________。

（2）当换向阀左位工作时，活塞杆_______；当换向阀右位工作时，活塞杆_______；当换向阀处于中位时，活塞被_______。

4. 如图 4—17 所示，分析锁紧回路的工作原理，回答下列问题：

（1）图中锁紧回路中所用的液压元件是：1、2—__________，3—__________，4—__________，5—__________，6—__________。

（2）当_______型三位四通电磁换向阀处于中位时，液压泵输出油液经_______的中位流回油箱，因无控制油液作用，液控单向阀_______，液压缸两腔均不能进油、排油，活塞被_______。

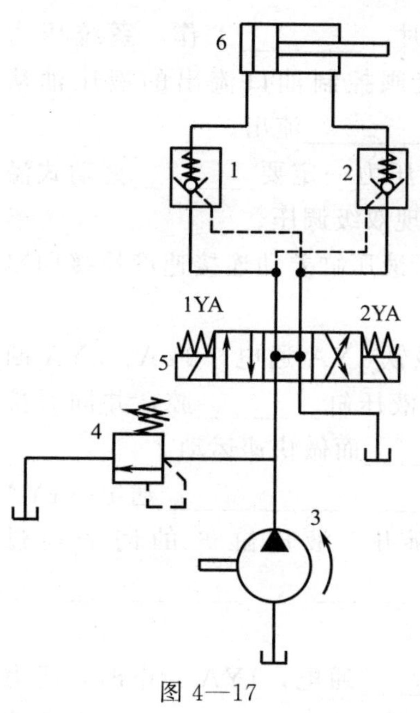

图 4—17

(3) 要使活塞向右运动，则需使________通电，换向阀________接入系统，压力油经________进入液压缸左腔，同时也进入________的控制油口，打开________，使液压缸右腔回油经________及________流回油箱，液压缸活塞________运动。

(4) 当换向阀右位接通时，________开启，压力油进入液压缸________，并同时进入________的控制油口，打开________。活塞________运动，回油经________和________流回油箱。

5. 如图 4—18 所示，分析调压回路的工作原理，回答下列问题。

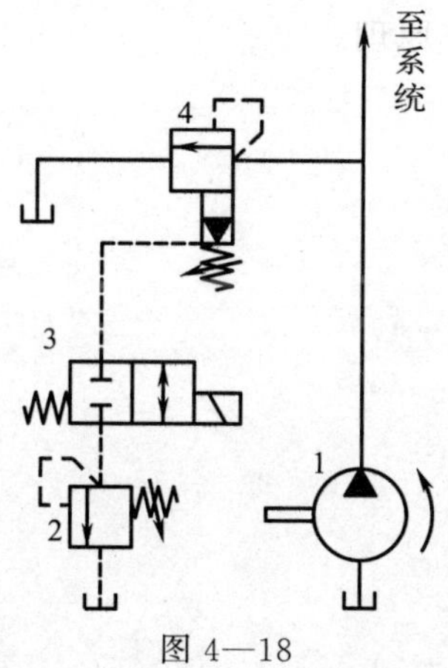

图 4—18

(1) 图中调压回路中所用的液压元件是：1—________________，2—________________，3—________________，4—________________。

(2) 该回路可实现____________不同的系统压力控制，即由________和________各调一级。

(3) 当电磁换向阀断电时，________工作，系统压力________。

（4）当电磁换向阀通电时，________工作，系统压力________。此时，先导式溢流阀控制油口流出的液压油从________流出，系统的溢流从________流出。

（5）先导式溢流阀的调定压力一定要________直动式溢流阀的调定压力，否则不能实现双级调压。

6. 如图 4—19 所示，分析液压缸差动连接速度换接回路的工作原理，回答下列问题：

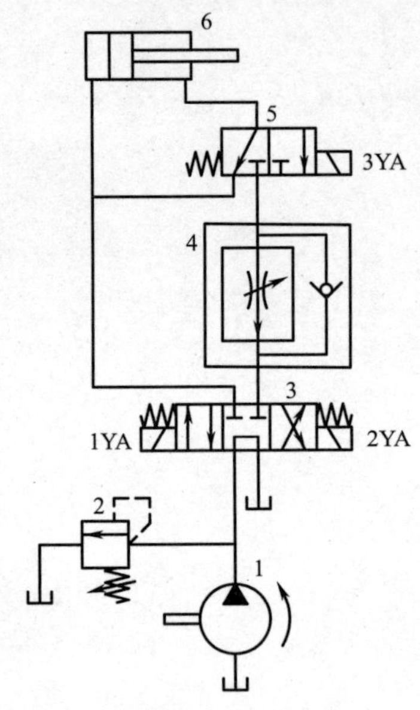

图 4—19

（1）活塞杆快进。当电磁铁 1YA 通电，2YA、3YA 断电时，________________连接液压缸________腔，并同时接通压力油，使液压缸形成________而做快速运动。

（2）活塞杆工进。当________________________通电（1YA 仍通电）时，差动连接被断开，液压缸 6 的回油经过________________、________________、________________流回油箱，从而实现工进。

（3）活塞杆快退。当________通电，1YA 断电时，压力油经______、单向调速阀 4 的________、________进入液压缸 6 的右腔。左腔的油液经过________流回油箱，从而实现快退。

7. 图 4—20 所示为平面磨床工作台液压系统图，完成以下各题：

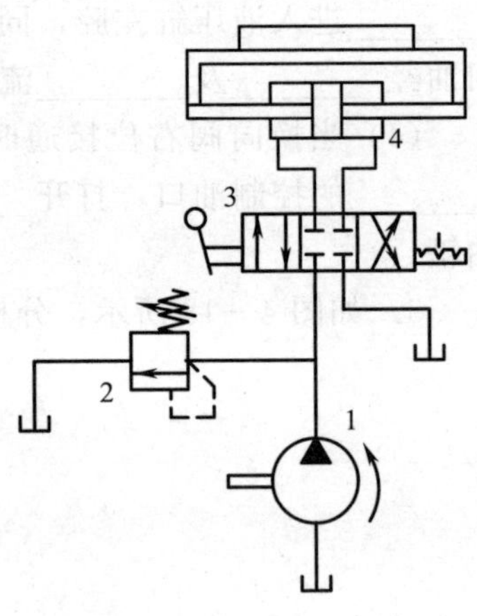

图 4—20

（1）指出各液压元件的名称。

（2）分析工作台向右运动时的工作原理。

（3）分析工作台向左运动时的工作原理。

（4）分析工作台锁紧时的工作原理。

§4—2 气压传动

一、选择题（将正确答案的序号填写在括号内）

1. 气压传动系统是以（ ）为工作介质的传动系统。
   A. 压缩空气　B. 空气　C. 氧气
2. 空气压缩机是气压传动系统的（ ）。
   A. 执行元件　B. 控制元件　C. 气源装置
3. 油雾器是气压传动系统的（ ）。
   A. 气源装置　B. 辅助元件　C. 控制元件
4. 在气压传动中，由于空气流动损失小，因此（ ）远距离输送。
   A. 不能　B. 可以　C. 只能
5. 与液压传动比较，气压传动速度反应（ ）。
   A. 较慢　B. 较快　C. 时快时慢
6. 气压传动是利用空气压缩机使空气介质产生（ ）的。
   A. 压力能　B. 机械能　C. 势能
7. 消声器应安装在气动装置的（ ）。
   A. 排气口　B. 进气口　C. 排气口和进气口
8. 图形符号（图形符号）代表的是（ ）。
   A. 消声器　B. 油雾器　C. 储气罐
9. 图形符号（图形符号）代表的是（ ）。
   A. 过滤器　B. 气缸　C. 消声器
10. 气源三联件的安装顺序是调压阀通常安装在（ ）之后。
    A. 排水过滤器　B. 油雾器　C. 溢流阀
11. 为了控制执行元件的启动、停止、换向，通过方向控制元件改变气缸的进气和出气，可以采用（ ）。
    A. 方向控制回路　B. 压力控制回路　C. 速度控制回路
12. 方向控制回路采用的主要气动元件是（ ）。
    A. 节流阀　B. 调压阀　C. 方向控制阀
13. 以下属于方向控制回路的是（ ）。
    A. 排气节流调速回路　B. 单往复动作回路　C. 节流调速回路
14. 以下不属于压力控制回路的是（ ）。
    A. 换向回路　B. 高低压转换回路　C. 节流调速回路
15. 节流调速回路采用的主要气动元件是（ ）。
    A. 顺序阀　B. 节流阀　C. 溢流阀
16. 高低压转换回路采用的主要气动元件是（ ）。

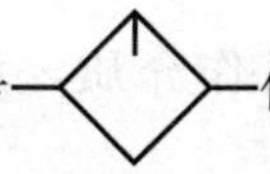

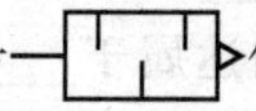

A. 减压阀　　　　　B. 换向阀　　　　　C. 减压阀和换向阀

二、判断题（正确的在括号内打“√”，错误的在括号内打“×”）

1. 气压传动一般噪声较小。（　）
2. 气压传动有过载保护作用。（　）
3. 由于空气的可压缩性，在机械设备中不采用气压传动。（　）
4. 气压传动系统不需要安装润滑元件。（　）
5. 气压传动不存在泄漏问题。（　）
6. 排气节流阀通常安装在气动装置的进气口处。（　）
7. 气压传动中所使用的气缸常用于实现往复直线运动。（　）
8. 气管可以用塑料管、尼龙管、橡胶管等，不能用钢管、铜管等。（　）
9. 压力控制回路的作用是控制、调节系统（或某一分支）的压力，使系统保持在某一规定的压力范围内工作。（　）
10. 换向回路、高低压转换回路都属于速度控制回路。（　）
11. 供气节流调速回路可以防止气缸启动时的“冲出”现象。（　）
12. 排气节流调速回路的气缸运行不够稳定。（　）
13. 换向回路是速度控制回路的一种主要形式，它的作用是通过方向控制元件改变气缸的进气和出气。（　）

三、填空题（将正确答案填写在横线上）

1. 气压传动是以________为动力源，以________为工作介质，利用压缩空气的________和________进行能量传送或信号传递的工程技术。
2. 气压传动系统由________、________、________、________和工作介质组成。
3. 消声器属于________，空气压缩机属于________，气动马达属于________。
4. 空气压缩站内的装置一般由________、________、________、________、干燥器和过滤器等组成。
5. 空气压缩机是把电动机输出的________转换成气体________的能量转换装置。
6. 气动辅助元件是使空气压缩机产生的压缩空气得以________、________、________及________等处理，供给控制元件及执行元件，保证气压传动系统正常工作。
7. 调压阀可以将压力________设备所需要的压力，并使压力________所需压力值上。
8. 按照功能不同，气动基本回路可分为________、________和________三大类。
9. 在气动马达的________安装________，即可达到节流调速的目的。

四、名词解释

1. 空气压缩机

2. 气动马达

五、问答题

1. 气压传动有什么优点？

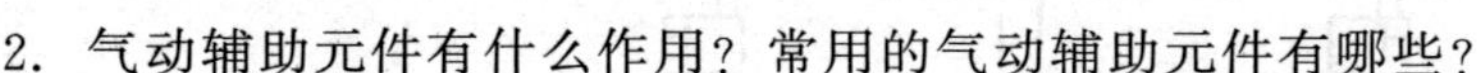

2. 气动辅助元件有什么作用？常用的气动辅助元件有哪些？

3. 什么是气动三联件？其中的元件各有什么用途？

4. 比较气压传动和液压传动在环境要求上的差别。

六、综合题

1. 请列举几个在日常生活或生产实践中气压传动的应用实例。

2. 分析如图 4—21 所示单往复动作回路的工作原理。

（1）图中气动回路中所用的气动元件是：1—________，2—________，3—________，4—________。

（2）按下手动换向阀的手动按钮，压缩空气使二位四通双气控换向阀________工作，压缩空气经________进入气缸的________腔，活塞向________行进，活塞杆伸出。

（3）当活塞杆上的挡块压下________时，换向阀________位工作，压缩空气经________进入气缸的________腔，活塞杆返回，完成一次工作循环。

（4）如果还要气缸运动，则需再次按下________的按钮。

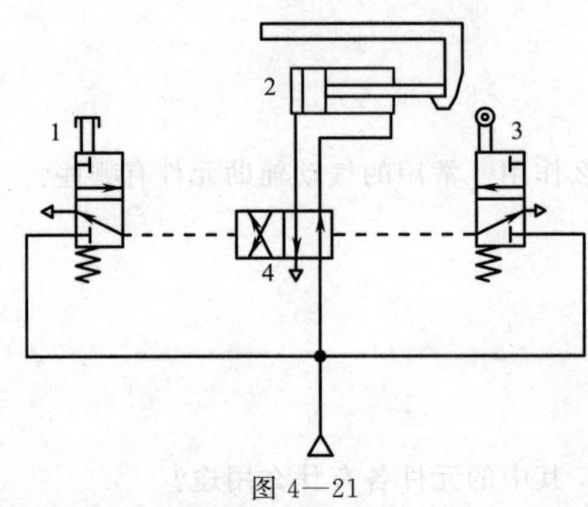

图 4—21

3. 图 4—22 所示为双手同时操作回路，该回路常用于气动冲床，可以起到保护双手的目的。回答以下问题：

（1）写出该气动回路中各气动元件的名称。

（2）分析该气动回路的工作原理。

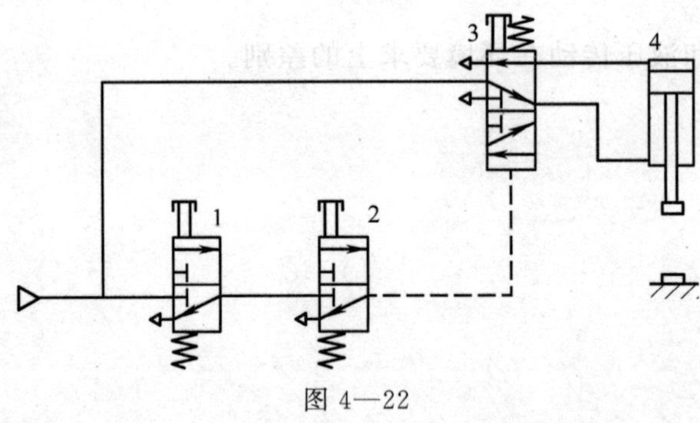

图 4—22